U0383894

上海地区

桃病虫害

绿色防控手册

胡育海 田如海 ◎ 主编

中国农业出版社
农村读物出版社
北京

序

上海市都市现代绿色农业发展三年行动计划（2018—2020）明确指出要坚持以资源节约、环境友好、生态稳定为基本路径，坚持以绿色供给、农业增效、农民增收为基本任务，要求推进绿色低碳循环生产方式，加大农业绿色生产技术推广力度，推广有机肥替代化肥、测土配方施肥，强化病虫害统防统治和全程绿色防控，减少化学肥料和化学农药的使用。要求上海市水果产业要逐步转变传统生产理念，提升农产品竞争力，严格把控生产各环节，适应当前都市现代绿色农业发展需求。

自2014年起，"上海果业产业技术体系建设"项目团队围绕都市现代绿色果业产业技术发展需求，以实现上海果业"高效、生态、安全"为主要目标，集聚科技资源进行共性技术和关键技术的创新研究，注重技术的集成应用和示范推广，直接为产业发展提供全方位技术服务。其中，以上海市农业技术推广服务中心为承担单位的"水果绿色防控技术专业组"，围绕水果病虫害数据库的建立、主要病虫害消长规律和系统调查方法的研究、病虫害绿色防控技术的集成和示范等方面开展了大量工作，并组织上海市果树方面多名专家编写这套绿色防控技术手册，详细介绍上海地区果树病虫害发生种类及绿色防控技术。编写人员长期从事基层农业技术推广工作，编写内容既有长期实践经验的理论提升，又有最新研究成果的总结提炼。同时，力求内容通俗易懂、可操作性强，可供新形势下水果产业从业者参考借鉴。

相信本书的出版有助于上海市，乃至华东地区果树病虫害绿色防控技术的推广应用，为广大果业从业者提供更好的专业技术指导服务。

上海市农业科学院作物林果所　所长

上海市果业产业技术体系　首席专家

前　言

　　桃，蔷薇科李属，原产于我国，已有4 000余年栽培历史，我国目前是世界桃第一生产大国，面积和产量居世界首位。桃种植品种繁多，分布广泛，是我国人民喜爱的传统夏令水果之一。

　　上海自明代就有种植水蜜桃的记载，享誉中外的桃品种上海水蜜更是奠定了世界桃产业的育种基础。目前，世界95%以上的栽培品种均直接或间接来源于我国的上海水蜜。上海现有桃树种植面积0.42万hm²，占上海果树种植总面积的26.5%，桃树是上海种植面积最大的果树。桃年产量6.5万t，总产值超过7亿元，成为种植业中农民增收的主要来源之一。主栽品种以大团蜜露、湖景蜜露、新凤蜜露、锦绣黄桃、玉露蟠桃为主。产区主要分布于浦东新区、金山区、奉贤区等地。

　　上海属亚热带季风气候，在桃树生长季日照充足，但长三角地区特有的梅雨、台风、暴雨天气导致桃树病虫害种类发生较多，其中梨小食心虫、细菌性穿孔病、褐腐病等主要病虫严重影响上海桃树生产。受传统农业生产习惯影响，桃农在病虫防治环节过分依赖化学农药，防治手段较为单一。目前，我国桃树生产中登记的防治药剂品种较少，主要登记产品防治对象范围较小，病虫防治中农药超量、超范围使用情况较为普遍；同时，综合防治技术相关知识匮乏，导致防治效果降低，天敌及中性昆虫数量减少，不利于农作物生产安全、农产品质量安全和农业生态环境安全。桃产业作为都市现代绿色农业的重要组成部分，必须坚持绿色生态的发展理念，加大农药化肥减量增效等绿色农业生产技术的推广应用，使绿色发展方式真正融入桃生产的整个过程，才能真正带动上海桃产业发展，不断提升特色品牌市场竞争力。因此，推广普及绿色、安全、高效的桃病虫害防治技术已势在必行。

依托"上海果业产业技术体系建设"项目，编者积累大量桃病虫害原色生态图片，总结桃病虫害绿色防控技术研究和应用方面的经验，在此基础上编写《上海地区桃病虫害绿色防控手册》一书。全书以100余幅高清原色生态照片、精炼的文字和实用技术，科学介绍了上海地区12种病害、17种（类）害虫的分布、识别特征、危害规律等，除药剂防治外，重点介绍桃树全程绿色防控集成应用技术。企盼为广大桃生产者、基层农业技术推广人员、农资厂家与经销商，以及高等院校师生提供参考。

本书编写过程中得到张帆教授、王焱研究员、陈磊农艺师的精心指导和帮助，在此一并致谢。

由于本书的编者都是从事生产第一线的农业技术人员，水平有限，书中难免有疏漏或错误之处，敬请广大读者批评指正。

编　者

2020年12月

目 录

二、桃树虫害

下篇 桃树全程绿色防控技术集成应用

上　篇

桃树病虫害识别与防治

一、桃树病害

桃缩叶病

● **分布：** 各桃种植区均有发生，以沿海和滨湖地区发生较重。

● **症状：** 该病害主要危害叶片，也侵染枝干、花器及果实。叶片在春季幼叶刚抽出时即可发病，病叶卷曲畸形，叶面凹凸不平，初呈灰绿色，随叶片展开，卷曲褶皱程度也加剧，病部肿大、肥厚、质脆，后变为红褐色或紫色。春末夏初空气潮湿时病叶表面会生出一层白色粉状物，即病原菌的子囊层，最后病叶变为褐色或深褐色，干枯脱落。感病的嫩梢受害后节间缩短，略显粗肿，呈灰绿色至黄色，严重时病梢扭曲、整枝枯死。花期受害时，叶片变肥增多，最后多半脱落。幼果受害初期产生微隆起的黄色或红色病斑，随果实膨大病斑变为褐色，果实龟裂，易早落；较成熟果实感病后，果实畸形，病部肿大，呈黄色或褐色，茸毛脱落，病果易早落。

● **病原：** 畸形外囊菌 [*Taphrina deformans* (Berk.) Tul.]，属子囊菌亚门外囊菌属真菌。

● **发病规律：** 病原菌以芽孢子在树皮、芽鳞内越冬，翌年温度适宜时芽孢子即萌发，直接穿过鳞片或树皮，或由气孔入侵嫩叶，一年只侵染一次。桃缩叶病的发生与春季萌芽展叶期的天气密切相关，低温、多雨天气易发生，空气湿度达到85%

以上，温度在10~16℃时，桃缩叶病容易大发生；在21℃以上时，该病发生程度较轻。通常每年4月上旬开始发生，4月下旬至5月上旬为发病盛期，6月气温升高，发病渐趋停止。一般早熟品种萌芽展叶早，病害发生就早，发病期较长；实生苗桃树比芽接桃树易发病；多雾、临海、江河沿岸、低洼潮湿桃园发病重。

● **绿色防控措施：**

1.农业防治：建园时选址要避免低洼地，远离江河水库及

桃缩叶病叶片发病初期

野生毛桃等，减少人为因素的影响；选择抗桃缩叶病品种；加强果园管理，在病叶初见但未形成白粉状物之前及时摘除病梢、病叶，带出园外集中销毁，可减少当年的越冬病原；发病较重的桃树叶片大量焦枯和脱落，应及时补施肥料和浇水，促使树势尽快恢复，增强抗病能力；合理修剪，降低田间湿度。

2.**药剂防治**：芽萌动前可喷施5～7波美度石硫合剂；花瓣露红期可喷施1∶1∶100波尔多液防治。

桃缩叶病病叶

桃干腐病

● **分布：** 在上海、河北、山东、陕西、北京、天津、安徽、吉林、辽宁、湖北等省份各桃产区均有发生危害。

● **症状：** 又名真菌性流胶病，是桃树上的一种重要病害。此病发生严重时，常造成枝干枯死，对树势和产量影响很大。桃干腐病大多发生在树龄较大的桃树主干和主枝上。发病初期，病斑以气孔为中心突起，暗褐色，表面湿润。病斑皮层下有黄色黏稠的胶液。病斑长形或不规则形，一般限于皮层，发病严重可深入到木质部。以后发病部位逐渐干枯凹陷，黑褐色，并出现较大的裂缝。发病后期，病斑表面长出大量的梭形或近圆形小黑点（子座），有时数个小黑点密集在一起，从树皮裂缝中露出，大小一般为1～8mm。多年受害的老树，造成树势极度衰弱，严重时可引起整个侧枝或全树枯死。

● **病原：** 茶藨子葡萄座腔菌（*Botryosphaeria dothidea* Grossenb. et Duggar），属子囊菌亚门葡萄座腔菌属真菌。

● **发病规律：** 病原菌以菌丝体、子座在枝干病组织内越冬，第二年4月产生孢子，借风雨传播，通过伤口或皮孔侵入，潜育期一般为6～30d。温暖多雨天气有利于发病。当温度较高时，病害发展受抑制，如南方在7月下旬以后，温度高达28～31℃，停止发病。桃干腐病病原菌是一种弱寄生菌，只侵害衰弱植株，一般树龄较大、管理粗放及树势弱的果园，发病较重。

● **绿色防控措施：** 合理施肥，促使树势健壮，提高抗病力。冬季应做好清园工作，收集病枯枝干销毁或深埋。及时做好树干害虫的防治工作，减少伤口，以防止病害发生。此病危害初期一般仅限于表层，开春后应加强检查，及时刮除病部，并涂抹波尔多液保护。

桃干腐病侵染造成流胶

桃木腐病

● **分布**：在全国桃产区老桃树上普遍发生。

● **症状**：又称桃树心腐病，是老桃树上普遍发生的一种病害，受害桃树树势衰弱、叶色发黄、早期落叶，严重时全树枯死。该病主要危害桃树的枝干心材，叶片等部位也可受害。枝干心材受害表现明显，使木质腐朽，呈轮纹状，白色疏松，质软而脆，触之易碎，呈褐色糟烂状，易被暴风折断。外部表现为多从锯口、虫伤等处长出不同形状的一年生或多年生病原子实体。其上枝条生长缓慢，叶片受害时发黄早落，花少。一般发病桃树树势衰弱，产量降低，甚至不结果实。

● **病原：** 彩绒革盖菌（*Coriolus versicolar* Quel）、裂榴菌（*Schizophylum commune* Fr.）、暗黄层孔菌[*Fomes fulvus* (Scop.) Gill.]，属担子菌亚门层菌纲真菌。

● **发病规律：** 以菌丝体在病部越冬。在受害部产生子实体，形成担孢子，借风雨传播，通过锯口或虫伤等伤口侵入。老树、病虫弱树及管理不善的桃园常发病严重。受害部位以干基部最重，愈往上受害愈轻，新梢则不受害。桃木腐病的发生流行与树龄、气候、环境和栽培管理等因素密切相关。一般老树、弱树和管理不善的桃园较易发生，生长不良的枝干均有利于发病，在病虫害发生严重、修枝等造成大伤口、冻伤或日灼伤的部位，特别是桃树腐烂病发生过的部位，会加重桃树主干和大侧枝糟烂，削弱树势，继而暴发和流行木腐病。

● **绿色防控措施：**

1.农业防治：加强果园水肥管理，增施有机肥，氮肥适量；注意旱季及时浇水，雨后排水；合理修剪，及时挖除并销毁重病树、衰老树；防治天牛等蛀干害虫，避免在桃树枝干上造成伤口。

2.刮除病部：随时检查，刮除子实体，清除腐朽木质，以消石灰与水和成糊状堵塞树洞；保护树体，尽量减少伤口，如有修剪锯口，或切除子实体后的伤口，可用波尔多浆封口，并对树干作涂白保护。

桃木腐病子实体

桃褐腐病

● **分布：** 在我国北方、南方、沿海及西北地区均有发生，尤以华东沿海及滨湖地带受害重。

● **症状：** 又称桃菌核病、桃灰腐病和果腐病，广泛分布于各桃产区，是桃的重要病害之一，对果实危害最重，发病后不仅在果园中相互传染危害，引起大量烂果、落果，而且在贮运期中亦可继续传染发病，造成巨大经济损失。花部受害自雄蕊及花瓣尖端开始，先发生褐色水渍状斑点，后逐渐蔓延至全花，随即变褐而枯萎。天气潮湿时，病花迅速腐烂，表面丛生灰霉，若天气干燥则萎垂干枯，残留枝上，长久不脱落。嫩叶受害，自叶缘开始，病部变褐萎垂，最后病叶残留枝上。侵害花与叶片的病原菌菌丝可通过花梗和叶柄逐步蔓延到果梗和新梢上，形成溃疡斑。病斑长圆形，中央稍凹陷，灰褐色，边缘紫褐色，常发生流胶。当溃疡斑扩展环割一周时，上部枝条即枯死。天气潮湿时，溃疡斑上出现灰色霉丛。果实受害最初在果面产生褐色圆形病斑，如环境适宜，病斑在数日内便可扩及全果，果肉也随之变褐软腐。然后在病斑表面生出灰褐色绒状霉丛，常呈同心轮纹状排列，病果腐烂后易脱落，但不少失水后变成僵果，悬挂枝上经久不落。

● **病原：** 病原菌有3种，分别为核果链核盘菌[*Monilinia laxa* (Aderh. et Ruhl.) Honey]、果生链核盘菌[*Monilinia fructigena* (Aderh. et Ruhl.) Honey]和美澳型核果链核盘菌[*Monilinia fructicola* (Winter) Honey]，均为子囊菌亚门链核盘菌属真菌。

● **发病规律：** 桃树开花期及幼果期如遇低温多雨，果实成熟期又逢温暖、多云多雾、高湿度的环境条件，发病严重。前期低温潮湿容易引起花腐，后期温暖多雨、多雾则易引起果腐。虫伤常给病原菌造成侵入的机会。树势衰弱，管理不善和地势低洼或枝叶过于茂密、通风透光较差的果园，发病都较重。果实在贮运过程中遇高温高湿环境，则有利于病害发展。品种间抗病性不同，一般凡成熟后质地柔嫩、汁多、味甜、皮薄的品种较易感病。

● **绿色防控措施：**

1.农业防治：冬季修剪时彻底清除树上枯枝僵果，桃园内不要间作油菜、莴苣等易感染菌核病的作物；深翻土壤，深埋落地病僵果，早春及时耕锄，并喷撒石灰粉消灭地面残存病僵果上萌发的子囊盘，幼果期间坐果过多时应及时疏果，避免果实相互密接，并及时套袋。

2.采、运、贮：贮藏、运输前挑出病果，避免进一步扩散影响商品价值。

3.药剂防治：谢花后可选用24%腈苯唑悬浮剂2 500 ～ 3 200倍液，每作物周期最多使用3次，或用10%小檗碱盐酸盐可湿性粉剂800 ～ 1 000倍液均匀喷雾。

桃褐腐病造成花腐

桃褐腐病造成果腐

桃褐腐病造成僵果

对桃进行套袋管理

桃软腐病

● **症状：**主要危害近成熟期至贮运期的果实。发病初期病果表面产生黄褐色至淡褐色腐烂病斑，圆形或近圆形；随病斑发展，腐烂组织表面逐渐产生白色霉层，渐变成黑褐色，霉层表面密布小黑点；病斑扩展迅速，很快导致全果呈淡褐色软腐；发病后期病斑表面布满黑褐色毛状物，病组织极软，病果落地如烂泥，紧贴的健果也很快腐烂，常与褐腐病混合发生。

● **病原：**匍枝根霉菌[*Rhizopus stolonifer* (Ehrenb. ex Fr.) Vuill.]，属接合菌亚门根霉属真菌。

● **发病规律：**桃软腐病是我国桃果采后运输和贮藏过程中的主要病害。菌丝体可在带病僵果内越冬。孢囊孢子可在病果、树体表面、落叶、土壤表面越冬，是翌年初侵染源。果实受伤是诱发该病的主要因素，温度较高且湿度较大时病害发展快，高温下贮运果实发病严重。病原菌在自然界广泛存在，借气流、降水、昆虫活动进行传播，经伤口侵染成熟果实，另外还可通过病健果接触传播。

● **绿色防控措施：**

1.农业防治：加强果园管理，适时浇水，增施有机肥和磷肥、钾肥，使果实发育良好，减少裂果和病虫损伤；适当补钙，提高果实硬度，防止缝合线变软，增强抗病力。

2.采、运、贮过程中防止果实自然裂伤，合理采摘，轻拿轻放，避免果实碰伤；精心挑选，防止伤果进入贮运场所。尽量采用低温贮运，0～3℃为宜。

桃软腐病病果

桃根癌病

● **分布：** 在我国各桃产区均有不同程度发生危害。

● **症状：** 主要侵染桃树根颈部，也可侵染侧根和支根，甚至可侵入主干及主枝基部等部位。受害部位的典型症状是发病部位形成癌瘤，其中尤以从根颈长出的大根形成的癌肿瘤最为典型。病原菌从伤口侵入，刺激侵入点周围细胞增生和异常分裂，形成球形或扁球形癌肿瘤，相互愈合后呈不规则形。癌瘤形成初期为乳白色或略带红色，表面光滑，光滑的嫩瘤增长很快，以后逐渐变褐、变硬并木栓化，表面粗糙，凹凸不平。

● **病原：**根癌土壤杆菌[*Agrobacterium tumefaciens* (Smith et Towns.) Conn.]，属薄壁菌门土壤杆菌属细菌。

● **发病规律：**病原菌在癌瘤组织皮层内越冬越夏，当癌瘤组织瓦解或破裂后，病原菌在土壤中生活和越冬。病原菌短距离传播主要通过雨水、灌溉水，亦可通过地下害虫（如蝼蛄和蛴螬等）、线虫及嫁接等农事操作传播；远距离传播主要通过苗木调运。癌瘤组织在潮湿或断裂的情况下也能散布病原菌。病原菌侵入的主要途径是各种伤口，也可侵染未损伤的桃根，通常在它的皮孔上形成小瘤，但一般很难察觉到。环境条件适宜，侵入后20d左右即可出现癌瘤，有的则需1年左右。病害在苗圃发生最多，幼苗生长衰弱、重茬、土壤碱性大、湿度大的地块较易发病和传染。

● **绿色防控措施：**

1.**严格检疫：**建立无病苗木繁育基地，培育无病壮苗，严禁病区和集市的苗木调入无病区，认真做好苗木产地检验消毒工作，防止病害传入新区；发现病株及时清除焚毁。

2.**农业防治：**带病原菌苗圃或桃园更新时选择不感病作物轮作，如玉米、小麦等，并使用硫磺或硫酸亚铁消毒，降低土壤碱性。

3.**合理嫁接：**从良

桃根癌病病根

种母树的较高部位采取接穗，并用芽接法嫁接，嫁接工具注意使用酒精浸泡消毒，同时注意防寒防冻，防治地下害虫，避免田间操作对苗木造成伤口。

4.切除根瘤：定植后发现癌瘤，可先用小刀切除未破裂的瘤，伤口用波尔多液或石硫合剂消毒。

桃疮痂病

● **分布**：在全国各桃产区普遍发生，特别是以南方桃区受害最为明显，而在高温多湿的江浙地区发病最为严重。

● **症状**：又名黑星病，主要危害果实，其次危害枝梢和叶片。果实发病开始出现褐色小圆斑，以后逐渐扩大为2～3mm的黑色点状斑，严重时病斑连片呈疮痂状。由于病原菌只危害病果表皮，使果皮停止生长并木栓化，而果肉生长不受影响，所以，病情严重时经常发生裂果。枝梢发病初期产生褐色圆形病斑，后期病斑隆起，颜色加深，变为褐色至紫褐色，严重时小病斑连片发生，有时出现流胶现象。病原菌只危害病枝表层，病斑表面产生小黑点，即病原菌的分生孢子。叶片受害，其背面出现灰绿色病斑，后渐变为褐色至紫褐色，病斑较小，最后病斑脱落，形成穿孔，严重时可导致病叶干枯脱落。

● **病原**：嗜果枝孢菌 [*Fusicladium carpophilum* (Thüm.) Oudem.]，属半知菌亚门黑星孢属真菌。

● **发病规律**：以菌丝体在枝梢病组织中越冬。翌年春季，气温上升，病原菌产生分生孢子，通过风雨传播，进行初侵染。病原菌侵入后潜育期长，枝梢和叶片上通常需25～45d才可发病，果实上为42～77d，然后产生分生孢子梗及分生孢子，进行再侵染。早熟品种发病较轻，中熟品种次之，晚熟品种发生较重。在我国南方桃园，5—6月发病最盛；北方桃园，果实一般在6月开始发病，7—8月发病率最高。春季和初夏及果实近成熟期多雨潮湿易发病。果园低湿、排水不良、枝条茂密、通风不畅、修剪粗糙等均能加重病害的发生。

桃疮痂病病果

● **绿色防控措施：**

1.农业防治：结合冬剪，剪除枯梢、枯枝及重病枝，集中销毁或深埋，以减少越冬菌源；根据生长情况适时夏剪，改善桃园通风透光条件，以提高抗病性；及时防治害虫，减少虫伤果，以降低病原菌侵染风险。

2.果实套袋：对大型果品种，在生理落果后，进行疏果和定果，然后套袋防病。

桃炭疽病

● **分布：**在全国主要桃产区均有分布，尤以江淮流域桃区发生较重。

● **症状：**主要危害果实，也可侵染幼梢及叶片。硬核前侵染幼果，初期果面呈淡褐色水渍状病斑，继而病斑扩大，呈红褐色，圆形或椭圆形，并显著凹陷，有明显同心轮纹状皱纹。湿度大时产生橘红色黏质小粒点，即病原菌的分生孢子盘和分生孢子。近成熟期果实发病，病斑常连成不规则大斑，后期橘红色黏质小粒点几乎覆盖整个果面，最后病果软腐脱落或形成僵果残留于枝上。新梢受害，出现暗褐色、长椭圆形病斑，天气潮湿时，病斑表面也可长出橘红色小粒点，病梢多向一侧弯曲，叶片萎蔫下垂，严重时病枝枯死。叶片染病后出现淡褐色圆形或不规则形状病斑，病、健分界明显，最后病斑干枯、脱落。

● **病原：** 胶孢炭疽菌（*Colletotrichum gloeosporioides* Penz.），属半知菌亚门腔孢纲刺盘孢属真菌。

● **发病规律：** 菌丝体在病梢组织内越冬，也可在树上的僵果中越冬。翌年春季形成分生孢子，借风雨或昆虫传播，侵害幼果及新梢，引起初次侵染。以后在新生的病斑上产生孢子，引起再次侵染。雨水是传病的主要媒介，孢子经雨水溅到邻近的感病组织上，即可萌发长出芽管，形成附着胞，然后以侵染丝侵入寄主。菌丝在寄主细胞间蔓延，然后在表皮下形成分生孢子盘及分生孢子。表皮破裂后，孢子盘外露，分生孢子被雨水溅散，引起再次侵染。昆虫对于传病亦起着重要的作用。桃树不同品种对炭疽病抗病性存在一定差异，一般早熟、中熟品种发病较重，晚熟品种相对较轻。桃树花期及幼果期低温多雨，有利于发病；果实成熟期高温高湿环境发病较重。管理粗放、留枝过密、土壤黏重、排水不良及树势衰弱的桃园发病较重。

● **绿色防控措施：** 在冬季桃树落叶后进行合理修剪，使园内通气、透光良好，剪去病枝、枯枝，摘除僵果，对郁闭桃园进行间伐；此外，多年生的衰老枝组和细弱枝组容易积累和潜藏病原，也应剪除；将病叶、病果、杂草和病枝带出果园集中处理；在桃树落叶前后施足基肥，使树势健壮，以提高抗病力，减轻发病。对桃园应避免偏施氮肥，多施磷钾肥和有机肥，提倡健康栽培，提高桃树自身的抗病力。在梅雨季节应注意清沟排水，以降低桃园田间湿度。

桃炭疽病病果

桃炭疽病病叶

桃白粉病

● **分布**：在我国各桃产区均有发生。

● **症状**：桃白粉病主要危害叶片、新梢，有时也危害果实。受害叶片初现近圆形或不定形白色霉点，后霉点逐渐扩大，发展为白色粉斑，粉斑可互相连合为斑块，严重时叶片大部分乃至全部为白粉状物所覆盖，恰如叶面被撒上一薄层面粉一般。受害叶片褪绿变黄，甚至干枯脱落。秋季受害叶片病斑上还可见黑色小粒点，即病原菌的子囊壳。新梢受害，在老化前出现白色菌丝。果实受害，5—6月开始出现症状，果面上形成直径约1cm的白色圆形病斑，其上有一层白色粉状物，接着表皮附近组织枯死，形成褐色病斑，然后病斑稍凹陷、硬化。

● **病原**：由两种白粉菌引起：三指叉丝单囊壳[*Podosphaera tridatyla*（Wallr.）de Bary]，属子囊菌亚门叉丝单囊壳属真菌；毡毛单囊壳[*Sphaerotheca pannosa*（Wallr.）Lev.]，属子囊菌亚门单囊壳属真菌。前者主要危害叶片，后者主要危害叶片和果实。

● **发病规律**：病原菌菌丝以寄生状态潜伏于寄主组织上或芽内越冬，一般年份以幼苗发生较多、较重，大树发病较少，危害较轻。在长江以北和长江流域地区，桃白粉病初侵染接种体为子囊孢子，再次侵染接种体为分生孢子，随气流和风进行传播，以菌丝体和闭囊壳越冬。

● **绿色防控措施**：冬季按照通风透光的原则，疏除不必要的长枝及多余枝条；合理施肥，避免偏施氮肥；夏季果实采收后及时疏除密弱枝和病虫枝，对强旺枝和直立枝要采取扭、拉、刻伤及环割等措施，控制徒长、积累养分、促进花芽分化；秋天落叶后及时清洁果园，将落叶集中带出果园外处理，以消灭越冬病原菌。

桃白粉病病果

桃枝枯病

● **分布：** 在我国云南昆明、上海浦东金山、浙江嘉兴、江苏无锡等南方桃产区普遍发生。

● **症状：** 新梢基部形成褐色环状缢缩溃疡斑，导致叶片枯萎、脱落直至枝条枯死；该病也会在二年生枝条叶痕处形成溃疡斑，使新抽出的叶芽或枝条直接枯死。后期病部可见许多微小突起的小黑点（子座及分生孢子器），雨后或天气潮湿时小黑点上分泌出黄色黏液（分生孢子）。

晚熟品种可在果实上发病，引起桃实腐病，尤其是上海金山主栽品种锦绣黄桃，常发生于果顶，病斑圆形至不规则形，褐色，边缘红褐色，病斑呈不同程度凹陷、扩大，果肉腐烂，直达果心。最后病斑失水干缩，但中央不皱缩，较周围隆起。干缩的病斑中央呈白色，边缘灰黑色，上密生小粒点，为病原菌的分生孢子器。受潮时，分生孢子器上产生白色孢子角。

● **病原：** 核果果腐拟茎点菌（*Phomopsis amygdalina* Canonaco），属半知菌亚门拟茎点霉属真菌。

● **发病规律：** 病原菌为弱寄生菌，侵染衰弱树的枝干。桃树下部病害发生率一般高于上部。6月下旬至7月是病害发生的高峰期，病原菌以菌丝或分生孢子在室内、田间、土表和土壤耕作层的病枝上越冬。通常枝枯病菌在桃树病枝上越冬率最高，3月初开始产生分生孢子器，3月中旬分生孢子开始释放，3月下旬至4月中旬释放达到高峰，之后释放量逐渐减少；雨后分生孢子释放量明显增加，春、秋季多雨，有利于该病发生、流行；6月下旬田间发病新梢上开始形成分生孢子器，并出现空腔现象。病原菌只能通过伤口侵染枝条和果实，但不能侵染叶片。桃树树势衰弱、树龄老化等因素也与该病害的发生流行密切相关。枝干或落地僵果产生的分生孢子随气流或雨水飞溅到果面上，经裂纹、虫口或机械伤口侵入果实引起发病。

● **绿色防控措施：** 结合冬季修剪，及时彻底清除树上的病枝、病果及地面落果，带离桃园，统一收集处理，以减少越冬菌源，同时深翻园地；桃树落叶后结合冬季清园，喷施石硫合剂，减少田间病原菌越冬基数；并且定期清理沟内落叶、淤泥等杂物，保持沟渠畅通不积水，增强根系活力；合理修剪，修剪工具注意使用酒精消毒，保障果园通风透光条件；合理施肥，施用腐熟有机肥，增施磷钾肥，防止土壤酸化，控制氮肥施用量，控制旺长；秋冬深翻土壤，以增强土壤透气性，提高植株抗病性。

桃枝枯病病枝

桃枝枯病病果（戴富明　摄）

桃细菌性穿孔病

● **分布：** 在全国各桃产区都有发生，特别是在沿海、滨湖地区和排水不良的果园以及多雨年份，易严重发生。

● **症状：** 主要危害叶片，多发生在靠近叶脉处，初生水渍状小斑点，逐渐扩大为圆形或不规则形、直径2mm的褐色、红褐色病斑，周围有黄绿色晕环，以后病斑干枯、脱落形成穿孔，严重时一片叶形成几十个病斑，导致早期落叶。枝条受害后，可形成两种不同病斑：春季溃疡斑，发生在前一年夏季已被侵染发病的枝条上，形成暗褐色小疱疹状病斑，直径约2mm，后可扩展达1～10cm，宽度多不超过枝条直径的一半；夏季溃疡斑，夏末在当年嫩枝上以皮孔为中心发生，圆形或椭圆形，暗紫褐色，稍凹凸，边缘呈水渍状，空气湿度较大时会溢出黄色黏液。果实受害，从幼果期即可表现症状，随着果实的生长，果面上出现1mm大小的褐色斑点，后期斑点变成黑褐色。病斑多时连成一片，果面龟裂。

● **病原：**树生黄单胞菌桃李致病变种[*Xanthomonas arboricola* pv. *pruni* (Xap)]，属变形菌门假单胞菌目黄单胞菌属细菌。

● **发病规律：**病原菌在枝条的腐烂部位越冬，翌年春天病部组织内的细菌开始活动，桃树开花前后，病原菌从病部组织中溢出，借风雨或昆虫传播，经叶片的气孔、枝条的芽痕和果实的皮孔侵入，引起当年初次侵染，春季溃疡斑上的病原是初侵染的主要来源。该病的发生与气候、树势、管理水平密切相关。一般年份春雨期间发生，夏季干旱月份发展较慢，到雨季又开始后期侵染，若遇台风暴雨天气会加重该病发生。病原菌的潜伏期因气温高低和树势强弱而异。气温30℃时潜伏期为8d，25 ~ 26℃时为4 ~ 5d，20℃时为9d，16℃时为16d。树势强时潜伏期可长达40d。幼果感病的潜伏期为14 ~ 21d。管理不善、通风透光条件差、排水不良、偏施氮肥、树势衰弱的桃园发病重；此外，叶蝉、蚜虫危害也可加重发病。

● **绿色防控措施：**

1.农业防治：加强水肥管理，增施有机肥，避免偏施氮肥，增强树体抗病性；注意果园排水，合理修剪，使果园通风透光良好，以降低果园湿度；冬季结合修剪清除病枝，彻底清扫枯枝、落叶、落果及枯草等，集中处理，以消灭越冬病原。

2.药剂防治：4月中旬开始，可交替使用40％噻唑锌悬浮剂600 ~ 1 000倍液，或45％春雷·喹啉铜悬浮剂2 000 ~ 3 000倍液，或20％噻菌铜悬浮剂300 ~ 700倍液，均匀喷雾防治。

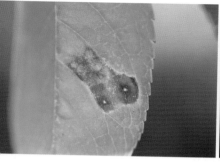

桃细菌性穿孔病初期病斑

桃细菌性穿孔病病斑脱落造成叶片穿孔

桃细菌性穿孔病病果

桃树流胶病

● **分布**：在我国各桃产区普遍发生，尤其在南方发病严重。

● **症状**：主要危害主干和主枝枝桠处，也可危害小枝条、果实。主干和主枝受害初期，病部稍肿胀，早春树液开始流动时，从病部流出半透明黄色树胶，尤其雨后流胶现象更为严重。流出的树胶与空气接触后，变为红褐色，呈胶冻状。干燥后变为红褐色至茶褐色的坚硬胶块。病部易被腐生菌侵染，使皮层和木质部变褐腐烂，致树势衰弱，叶片变黄、变小，严重时枝干或全株枯死。果实发病，由果核内分泌黄色胶质，溢出果面，病部硬化，严重时龟裂，不能生长发育，无食用价值。

● **病原**：桃树流胶有以下几种原因：霜冻、机械外伤、肥水管理不当导致树势衰弱造成的生理性流胶；桃干腐病菌（*Botryosphaeria dothidea*）、桃褐腐病菌（*Monilina fructicola*）侵染造成的病理性流胶；由于树势衰弱或虫害（天牛、蠹蛾等危害）造成伤口，一些弱寄生真菌侵染引起的复合型流胶。

● **发病规律**：一般4—10月，春季低温，雨季，特别是长期干旱后偶降暴雨，桃树流胶病严重。管理粗放、排水不良、树体衰弱果园发生较重。树龄大的桃树流胶病发生严重，幼龄树发病轻。沙壤土栽培桃树流胶病很少发生，黏壤土和活土栽培桃树流胶病易发生。

● **绿色防控措施**：

1.农业防治：加强桃园管理，增施有机肥，增强树势；高垄种植，建立排水系统，降低地下水位，低洼积水地注意排水，酸碱土壤应适当施用石灰或过磷酸钙，改良土壤，以提高土壤通气性；合理修剪，减少枝干伤口，避免桃园连作；注意防治枝干病虫害，预防病虫伤，及早防治桃树上的害虫如介壳虫、蚜虫、天牛等；冬春季树干涂白，预防冻害和日灼伤。

2.**药剂防治**：芽萌动前可喷施5～7波美度的石硫合剂清园；可使用50亿菌落形成单位/克多黏类芽孢杆菌可湿性粉剂1 000～1 500倍液于萌芽期、初花期、果实膨大期分别施药1次，每次进行灌根和涂抹树干处理；不可与噻菌铜、噻唑锌等杀菌类化学药剂混合使用。

桃树流胶病造成树体流胶

天牛与桃树流胶病混合发生

二、桃树虫害

二斑叶螨

- **学名**：*Tetranychus urticae* Koch
- **分类**：蛛形纲，蜱螨目，叶螨科。
- **分布**：在上海市及我国大部分落叶果树区均有发生。
- **识别特征**：雌成螨：体长0.42～0.59mm，椭圆形；颜色有深红色、黄棕色，越冬代为橙黄色，体型较夏季的肥大。雄成螨：体长0.26mm，卵圆形，前端近圆形，腹末较尖，多呈鲜红色。卵：长0.13mm，球形，光滑透明，初产为乳白色，渐变橙黄色，快孵化时现出红色眼点。若螨：前期若螨体长0.21mm，近卵圆形，足4对，色渐变深，体背出现色斑。后期若螨体长0.36mm，黄褐色，与成虫相似。
- **习性**：寄主范围较广，可危害果树、花卉、蔬菜等多种作物，以幼若螨、成螨在叶背面刺吸危害，受害叶片初期仅在中脉附近出现失绿斑点，危害严重时可在叶面结网，造成枯萎脱落。

一年发生10代以上，当3月日平均温度达10℃以上时，越冬雌虫开始出蛰活动并产卵。随着温度升高和害螨繁殖数量加大，逐渐从地面杂草向树上扩散。夏季高温季节是害螨危害盛期，在6月上、中旬进入全年的猖獗危害期，于7月上、中旬进入危害高峰期，10月以雌成螨在树干翘皮、粗皮裂缝、杂草、落叶或土缝中越冬。

二斑叶螨猖獗发生期持续时间较长，一般年份可持续到8月中旬前后。10月后陆续出现滞育个体，但如此时温度超出25℃，滞育个体仍可恢复取食，体色由滞育型的红色变回黄绿色，进入11月后均滞育越冬。二斑叶螨营两性生殖，受精卵发育为雌虫，不受精卵发育为雄虫。每雌可产卵50～110粒，最多可产卵216粒。喜群集叶背主脉附近并吐丝结网于网下进行危害，大发生或食料不足时常千余头群集于叶端成一虫团。

● **绿色防控措施：**

1.农业防治：越冬代出蛰前清除园内杂草，刮除老皮、翘皮，树干涂白，以降低虫口基数。

2.生物防治：二斑叶螨天敌种类很多，如小花蝽、捕食螨、瓢虫、草蛉等，在田间释放可有效控制叶螨的危害，同时田间可适当种植紫花苜蓿、三叶草等，为天敌生存繁衍创造良好条件。

二斑叶螨成螨和卵

二斑叶螨若螨

二斑叶螨群集危害

释放捕食螨防治二斑叶螨

二斑叶螨严重危害造成叶片失绿

康氏粉蚧

- **学名**：*Pseudococcus comstocki* Kuwana
- **分类**：半翅目，粉蚧科。
- **分布**：上海及吉林、辽宁、河北、北京、山东、河南、山西等地均有分布。
- **识别特征**：雌成虫：体长5mm，宽3mm，椭圆形，淡粉红色，被较厚的白色蜡粉，体缘具17对白色蜡刺；触角丝状，7～8节，末节最长；眼半球形，足细长。雄成虫：体长1.1mm，翅展2mm，紫褐色；前翅发达透明，后翅退化为平衡棒。卵：椭圆形，浅橙黄色，卵囊白色絮状。若虫：椭圆形，扁平，淡黄色。蛹：淡紫色，长1.2mm。
- **习性**：一年发生3代，以卵在各种缝隙及土石缝处越冬，少数以若虫和受精雌成虫越冬。寄主萌动发芽时开始活动，卵开始孵化分散危害，第一代若虫盛发期为5月中下旬，6月上旬至7月上旬陆续羽化，交配产卵。第二代若虫6月下旬至7月下旬孵化，盛期为7月中下旬，8月上旬至9月上旬羽化，交配产卵，第三代若虫8月中旬开始孵化，8月下旬至9月上旬进入盛期，9月下旬开始羽化，交配产卵越冬；早产的卵可孵化，以若虫越冬；羽化迟者交配后不产卵即越冬。成虫、若虫刺吸嫩芽、嫩枝和果实，使受害处出现褐色圆点，其上附着白色蜡粉。斑点木栓化，组织停止生长，嫩枝受害后，枝皮肿胀开裂，严重者枯死。
- **绿色防控措施**：结合冬季修剪清园，刮除老树皮、翘皮，清除受害严重的枝条，清理旧纸袋、病虫果、残叶，降低园内的越冬虫口基数；春季发芽前喷布5～7波美度石硫合剂进行杀菌杀卵消毒；9月可在树干上捆绑束草或诱虫带诱集成虫产卵，入冬后至发芽前取下集中销毁；用硬毛刷刮除越冬成虫，集中销毁。

康氏粉蚧雌成虫

桑白蚧

- **学名：** *Pseudaulacaspis pentagona*（Targioni-Tozzetti）
- **分类：** 半翅目，盾蚧科。
- **分布：** 上海地区及我国南方落叶果树区均有分布。
- **识别特征：** 雌成虫：橙黄色及橙红色，体扁平卵圆形，长约1mm，腹部分节明显。雌介壳圆形，直径约2mm，略隆起，有螺旋纹，灰白色至灰褐色，壳点黄褐色，在介壳中央偏旁。雄成虫：橙黄色或橙红色，体长约0.6mm，仅有翅1对。雄介壳细长，白色，长约1mm，背面有3条纵脊，壳点橙黄色，位于介壳的前端。卵：椭圆形，长径0.25～0.3mm。初产时淡粉红色，渐变为淡黄褐色，孵化前橙红色。初孵若虫：淡黄褐色，扁椭圆形；体长约0.3mm，可见触角、复眼和足，能爬行，腹末端具尾毛2根，体表有绵毛状物遮盖。
- **习性：** 上海地区一年发生3代。越冬雌虫于4月中旬开始产卵，若虫发生期分别为5月上中旬、7月上中旬和9月上中旬，以受精雌成虫在枝干上越冬。主要以若虫和雌成虫刺吸二年生至三年生枝干，受害枝布满雌成虫灰白色介壳和雄虫蜕皮时的白色粉状物，严重时造成提早落叶，使树势严重衰弱，造成果实产量和品种大减，甚至全树枯死。

● **绿色防控措施：**

1.**农业防治：** 结合冬季修剪清园，清除受害严重的枝条，刮除老皮、翘皮，树干涂白，以降低园内的越冬虫口基数。春季发芽前喷布5～7波美度石硫合剂，进行杀菌杀卵消毒。冬、春发生量较小的情况下使用硬毛刷刷除枝干上的越冬雌成虫。

2.**生物防治：** 桑白蚧的主要天敌有软蚧蚜小蜂、瓢虫和日本方头甲等，避免盲目施药，注意保护田间天敌种群。

被桑白蚧危害的枝干

桃　蚜

● **学名：** *Myzus persicae* (Sulzer)

● **分类：** 半翅目，蚜科。

● **分布：** 上海地区及我国各地区均有分布。

● **识别特征：** 无翅雌蚜体长约2.1mm，宽1mm，体色有黄绿色、洋红色。有翅雌蚜体长2.2mm，腹部有黑褐色斑纹，翅无色透明，翅痣灰黄色或青黄色。有翅雄蚜体长1.5mm，体色深绿色、灰黄色、暗红色或红褐色，头、胸部黑色。卵椭圆形，长0.6mm，初为橙黄色，后变成漆黑色而有光泽。

● **习性：** 上海地区一年发生20～30代。春季气温达6℃以上开始活动，在越冬寄主上繁殖2～3代，于4月底产生有翅蚜迁飞到露地蔬菜上繁殖危害，直到秋末冬初又产生有翅蚜迁飞到保护地内，以成虫、若虫群集刺吸嫩叶和花进行危害，受害部分呈现小的黑色、红色和黄色斑点，使叶片逐渐变白，向背面扭曲卷成螺旋状，引起落叶、新梢不能生长，影响产量及花芽形成，削弱树势。蚜虫也可危害花器，影响坐果。排泄的蜜露污染叶片及枝梢，使桃树生理作用受阻，常造成煤烟病，加速早期落叶，影响生长。桃蚜还能传播桃树病毒。早春、晚秋19～20d完成1代，夏秋高温时期，4～5d繁殖1代。一只无翅胎生蚜可产出60～70只若蚜，产卵期持续20余天。桃蚜靠有翅蚜迁飞向远距离扩散，一年内有翅蚜迁飞3次。天敌有瓢虫、草蛉、食蚜蝇等。

● **绿色防控措施：**

1.**农业防治：** 在休眠期进行人工刮除老皮、翘皮，消灭越冬虫卵；结合春剪剪除受害枝梢，集中销毁。

2.**物理防治：** 每年3月初在每棵树上悬挂一张可降解黄板，高度离地面1.2～1.5米，粘满害虫后及时更换。

3.**生物防治：** 蚜虫的主要天敌有瓢虫、草蛉、食蚜蝇等，注意保护本地天敌昆虫；也可释放商品化天敌产品，增加田间天敌种群数量。

4.**药剂防治：** 桃蚜卷叶一般在3月下旬，一旦卷叶，化学药剂就很难喷到虫体上。因此，应在早春越冬卵孵化盛末期至卷叶前用药剂进行防治。在卷叶危害后选用内吸性强的农药进行防治，避免卷叶对药效的影响。9月应加强对回迁蚜的防治。可选用10％吡虫啉可湿性粉剂5 000倍液，或35％噻虫·吡蚜酮水分散粒剂3 500 ～ 4 500倍液，或0.5％苦参碱水剂1 000 ～ 2 000倍液，或22％氟啶虫胺腈悬浮剂5 000 ～ 10 000倍液，均匀喷雾防治。

桃蚜危害造成卷叶

蚜虫群集危害叶片

桃蚜危害嫩梢

黄板诱蚜

释放瓢虫

桃 粉 蚜

- **学名：** *Hyalopterus arundimis* Fabricius
- **分类：** 半翅目，蚜科。
- **分布：** 上海地区及国内各地区均有分布。
- **识别特征：** 无翅胎生雌蚜：体长2.1mm，宽1.1mm，长椭圆形，绿色，被覆白粉，腹管细圆筒形，尾片长圆锥形，上有长毛5～6根。有翅胎生雌蚜与无翅胎生雌蚜相似。卵：椭圆形，长0.6mm，初产时为黄绿色，后变黑绿色，有光泽。若虫：与无翅胎生雌蚜相似，但体型小，淡绿色，有少量白粉。
- **习性：** 在上海地区一年发生10余代，生活周期类型属于乔迁式，主要以卵在桃、李、杏、梅等枝条的芽腋和树皮裂缝处越冬。第二年当桃、杏芽苞膨大时，越冬卵开始孵化，以无翅胎生雌蚜不断进行繁殖；5月上中旬在桃树上开始产生有翅胎生雌蚜，虫口激增，群集在嫩枝和新叶上进行刺吸危害，受害叶片背面密布虫体和白粉，新梢萎缩，诱发煤烟病，可迁移到

桃粉蚜危害诱发煤污病

其他寄主上危害；晚秋又产生有翅蚜，回迁到桃树上继续危害一段时间后，产生两性蚜，产卵越冬。

● **绿色防控措施：**可参考桃蚜防治。

桃叶受害形成卷叶

桃粉蚜群集危害

食蚜蝇幼虫捕食桃粉蚜

桃小绿叶蝉

● **学名**：*Empoasca flavescens*（Fabricius）

● **分类**：半翅目，叶蝉科。

● **分布**：上海地区及河南、河北、山东、陕西、江苏等地均有分布。

● **识别特征**：成虫体长约3.5mm，淡黄绿色至绿色，头顶中央有1条白纹，两侧各有1个不明显黑斑；复眼内侧和头部后侧也有白纹，并与头顶的白纹连成"山"字形，复眼灰褐色至深褐色；触角刚毛状，末端黑色；前翅半透明，略呈革质，后翅无色透明。卵长椭圆形，略弯曲，长径0.6mm，短径0.15mm，乳白色。若虫体长约3mm，全体淡绿色，复眼紫黑色，与成虫相似。

● **习性**：一年发生4～6代，以成虫在落叶、杂草或低矮绿色植物中越冬。翌年春季桃、李、杏发芽后出蛰，飞到嫩叶上进行刺吸危害，经取食后交尾产卵。卵多产于新梢和叶片近基部主脉里，少数产在叶柄处。卵期5～20d，若虫期10～20d，非越冬成虫寿命30d；完成1个世代需40～50d。若虫孵化后多群集于叶背面进行刺吸危害，受惊后迅速横向爬动。受害叶初现黄白色斑点，逐渐扩展成片，严重时全叶苍白脱落。

● **绿色防控措施：**

1.**农业防治：** 成虫出蛰前清除杂草和落叶，减少越冬虫源；适当修剪，以利桃园通风透光；冬季修剪清园，剪除产卵枝，集中处理；结合冬春季防治喷施石硫合剂，注意也要对周边常绿植物进行喷洒防治。

2.**物理防治：** 每年3月初在每棵树上悬挂一张可降解黄板，高度离地面1.2 ～ 1.5m，粘满害虫后及时更换。

桃小绿叶蝉成虫

茶 翅 蝽

● **学名：** *Halyomorpha picus* Fabricius

● **分类：** 半翅目，蝽科。

● **分布：** 上海市及全国各地区均有分布。

● **识别特征：** 成虫：体长13 ～ 15mm，宽7 ～ 9mm，体型扁平，茶褐色；前胸背板、小盾片和前翅革质部有黑色刻点，前胸背板前缘横列4个黄褐色小点，小盾片基部横列5个小黄点，两侧斑点明显。卵：短圆筒形，直径0.5～0.7mm，周缘环生短小刺毛，初产时乳白色，近孵化时变黑褐色。若虫：初孵若虫近圆形，体色为白色，后变为黑褐色，腹部淡橙黄色；腹节两侧节间各有1个长方形黑斑，共8对；老熟若虫与成虫相似，无翅。

● **习性：**一年发生1～2代，以受精的雌成虫在屋檐、墙缝、草丛、枯枝落叶、树皮缝等处越冬。翌年4月下旬至5月上旬，成虫陆续出蛰。在造成危害的越冬代成虫中，大多数是在果园中越冬的个体，少数是从果园外迁移到果园中。越冬代成虫可一直危害至6月，然后多数成虫迁出果园，到其他植物上产卵，并发生一代若虫。6月上旬以前产的卵，可于8月以前羽化为第一代成虫。第一代成虫可很快产卵，并发生第二代若虫。而在6月上旬以后产的卵，只能发生一代。在8月中旬以后羽化的成虫均为越冬代成虫。越冬代成虫平均寿命为301d，最长可达349d。成虫及若虫刺吸危害嫩梢和果实，导致受害株新梢生长量下降，使果面凹凸形成畸形果。10月后成虫陆续潜藏越冬。

● **绿色防控措施：**

1.农业防治：保证果园整洁，清除杂草、枯枝和落叶；发现卵块及时摘除；5月中旬疏果结束后开始套袋，防止危害果实；结合冬季修剪清园，清除受害严重的枝条，清理旧纸袋、病虫果、残叶，以降低园内的越冬虫口基数；茶翅蝽越冬前会在房檐下、墙壁上、背风向阳处爬行或在常绿植物上群集，秋冬季可进行人工捕捉杀灭。

2.生物防治：保护自然天敌，小花蝽和草蛉幼虫可取食茶翅蝽的卵，三突花蛛能够捕食茶翅蝽的若虫和成虫。卵寄生蜂在茶翅蝽的生物防治中起着重要作用，茶翅蝽沟卵蜂平均寄生率达到50%，平腹小蜂寄生率可达52.6%～64.7%，黄足沟卵蜂寄生率为60%以上。

茶翅蝽成虫（王焱　摄）

绿盲蝽

- **学名**：*Apolygus lucorum* Meyer-Dür
- **分类**：半翅目，盲蝽科。
- **分布**：上海地区及全国均有分布。
- **识别特征**：成虫：体长4～6mm，宽2～2.2mm，绿色，密被短毛；头部三角形，黄绿色；复眼黑色，突出，无单眼；触角4节，丝状，较短，约为体长的2/3，第二节长等于三、四节之和，向端部颜色渐深，一节黄绿色，四节黑褐色；前胸背板深绿色，布许多小黑点，前缘宽；小盾片三角形微突，黄绿色，中央具1条浅纵纹；前翅膜片半透明，暗灰色，余绿色；足黄绿色，胫节末端、跗节色较深，后足腿节末端具褐色环斑，雌虫后足腿节较雄虫短，不超腹部末端，跗节3节，末端黑色。卵：长1mm，黄绿色，长口袋形。若虫：共5龄，与成虫相似，初孵时绿色，复眼桃红色，二龄黄褐色，三龄出现翅芽，四龄翅超过第一腹节，二、三、四龄触角端和足端黑褐色，五龄后全体鲜绿色，密被黑细毛；触角淡黄色，端部色渐深；眼灰色。

● **习性：** 一年发生6～7代，以卵在杂草、果树皮或断枝内及土中越冬。翌春3—4月旬均温高于10℃，或连续5日均温达11℃以上，相对湿度高于70%，卵开始孵化。第一、二代多生活在紫云英、苜蓿等绿肥田及蔬菜田中。成虫寿命长，产卵期30～40d，发生期不整齐。成虫飞行力强，喜食花蜜，羽化后6～7d开始产卵。非越冬代卵多散产在嫩叶、茎、叶柄、叶脉、嫩蕾等组织内，外露黄色卵盖，卵期7～9d。成虫、若虫刺吸危害，严重时可造成果实畸形，叶片形成穿孔。主要天敌有寄生蜂、草蛉、捕食性蜘蛛等。

● **绿色防控措施：**

1.农业防治：中耕除草，生草栽培桃园注意及时进行刈割，同时避免桃园林下种植蔬菜；多雨季节注意清沟排水，以降低园内湿度；冬春季树干涂白，喷施5～7波美度石硫合剂；5月

绿盲蝽危害果实状

绿盲蝽危害嫩梢状

中旬疏果结束后开始套袋，防止危害果实；发生严重桃园可利用绿豆等植物对绿盲蝽的诱集作用，合理间作，诱集后集中销毁处理。

2.性诱防治：4月初每667m²可悬挂3～5个绿盲蝽性诱剂，诱杀成虫。

3.生物防治：绿盲蝽天敌有蜘蛛、草蛉、小花蝽、瓢虫、缨小蜂、黑卵蜂等，保护利用天敌，化学防治时尽量选择对天敌毒性较小的杀虫剂。

性诱剂诱杀绿盲蝽成虫

梨小食心虫

● **学名：** *Grapholitha molesta* (Busck)

● **分类：**鳞翅目，小卷叶蛾科。

● **分布：**我国除西藏未见报道外，各梨、桃产区均有发生，尤以华北、华中地区发生普遍。

● **识别特征：**成虫：体长6～7mm，翅展13～14mm，暗褐色至灰黑色；下唇须灰褐色，向上翘；触角丝状；前翅灰黑色，前翅前缘有白色斜短纹8～10条，翅面散生灰白色鳞片而成许多小白点，近外缘有10个小黑点，中室端部有1个明显的小白点，后缘有些条纹；后翅茶褐色；各跗节末端灰白色；腹部灰褐色。幼虫：老熟幼虫体长10～13mm，淡红色至桃红色，头褐色，前胸盾片黄褐色，臀栉4～7齿，腹足趾钩单序环，25～40个，臀足趾钩15～30个；低龄幼虫体白色，头和前胸盾片黑色。卵：扁椭圆形；周缘扁平，中央鼓起，呈草帽状，长径0.8mm，初产时近白色半透明，近孵化时变淡黄色；幼虫胚胎成形后，头部褐色，卵中央具1个小黑点，边缘近褐色。蛹：体长6～7mm，纺锤形，黄褐色，复眼黑色；第三至七腹节背面有2行刺突；第八至十腹节各有1行较大的刺突，腹部末端有8根钩刺。

● **习性**：在上海地区一年发生4代，以老熟幼虫在枝干裂皮缝隙及树干周围的土缝中结茧越冬；翌年3月化蛹，越冬代成虫通常于4月上中旬始见，以后各代成虫的发生高峰期分别为5月下旬、7月上中旬、8月上中旬和9月上中旬，且每代成虫发生期无明显的间断，尤其是第二、三、四代有世代重叠现象。成虫在桃枝上主要选择靠近顶端未展叶的前10片桃叶背面产卵，4月下旬至5月初第一代幼虫开始危害桃梢，第二代幼虫也危害新梢，幼虫危害桃梢时多从顶尖部位第二至三个叶柄基部幼嫩处蛀入，向下蛀食木质部和半木质部，留下表皮，被蛀食的嫩尖萎蔫下垂。幼虫有转梢危害的习性，每头幼虫一生可危害3～4个桃梢，有时幼虫也危害樱桃、李、梨和苹果的新梢。通常越冬代成虫高峰期后30～35d为第一代幼虫折梢高峰期，其后各代发生在成虫高峰期后15～20d。第三、四代幼虫在果实上危害，蛀果盛期在8月中下旬至9月上旬。幼虫蛀果多从果实顶部或萼凹蛀入，蛀入孔比果点还小，呈圆形小黑点，稍凹陷。幼虫蛀入后直达心室，蛀食心室部分或种子，切开后多有汁液和粪便。桃、杏、李果实蛀入孔较大，多在果核附近蛀食并有很多虫粪。老熟幼虫9月中旬陆续脱果转入越冬场所。

● **绿色防控措施：**

1.**农业防治**：早春1—2月刮除树干粗皮、翘皮，并全园翻耕，可消灭翘皮、土缝中的越冬幼虫；4月下旬田间始见幼虫蛀梢危害后，及时检查果园新梢、果实危害情况，如发现新梢枯萎，将枯萎处下方2～3cm处剪掉，摘除虫果，将虫梢、虫果带出果园进行深埋处理，减少下一代基数。

2.**性诱食诱防治**：成虫发生期使用梨小食心虫性信息素诱捕器诱杀成虫，也可在4月初拧挂梨小食心虫迷向丝，使用密度为每667m^{2}33根，干扰成虫交配产卵。或每667m^{2}放置4～6个糖醋酒液诱捕器（糖醋酒液配比为白糖：乙酸：乙醇：水=3：1：3：80），诱杀成虫。

3.**药剂防治**：使用性诱剂监测，越冬代成虫高峰期后5～6d，第一、二代成虫高峰期后4～5d即为产卵盛期，也是用药防治最佳时期，可使用16 000IU/mg苏云金杆菌悬浮剂100～200倍液均匀喷雾。注意：使用苏云金杆菌等药剂防治时不可与其他化学杀菌剂混用。

梨小食心虫成虫

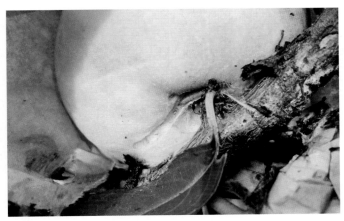

梨小食心虫在果柄处化蛹

梨小食心虫初孵幼虫

梨小食心虫老熟幼虫

梨小食心虫幼虫蛀食造成折梢

梨小食心虫大面积蛀梢危害　　　　梨小食心虫蛀果危害

用糖醋酒液诱蛾

拧挂迷向丝

苹小卷叶蛾

- **学名：** *Adoxophyes orana* Fisher von Roslerstamm
- **分类：** 鳞翅目，卷蛾科。
- **分布：** 上海市及全国均有分布。
- **识别特征：** 成虫：体长10～13mm，翅展20～30mm，体黄褐色；前翅的前缘向后缘和外缘角有2条浓褐色斜纹，其中一条自前缘向后缘达到翅中央部分时明显加宽，前翅后缘肩角处及前缘近顶角处各有1个小的褐色纹。卵：扁平椭圆形，黄绿色，表面有黄色蜡质物，数十粒排成鱼鳞状卵块。幼虫：体长13～15mm，头较小，呈淡黄色；低龄幼虫黄绿色，老熟幼虫翠绿色。蛹：体长9～10mm，黄褐色，腹部背面每节有刺突2排，下面一排小而密，尾端有8根钩状刺毛。
- **习性：** 一年发生2～3代。以幼虫在树干翘皮下或锯剪口结成白色薄茧越冬。第二年桃树萌芽后出蛰，并吐丝缠结幼芽、嫩叶和花蕾进行危害，造成卷叶，有假死性和转苞危害习性，老熟幼虫在卷叶中结茧化蛹。3代发生区，6月中旬越冬代成虫羽化，7月下旬第一代羽化，9月上旬第二代羽化。成虫有趋光性和趋化性，成虫夜间活动，对果醋和糖醋都有较强的趋性。

● **绿色防控措施：**

1.农业防治：结合冬季修剪清园，刮除老皮、翘皮，清理枯枝、落叶，树体涂白，以降低园内越冬虫口基数；夏剪剪除虫苞，发现卷叶后及时用手捏死叶中幼虫，减少下一代虫源。

2.物理防治：利用成虫趋光性，使用频振式杀虫灯诱杀，定期检查维护杀虫灯，清理虫体。

3.食诱防治：成虫发生期每667m²放置4～6个糖醋酒液诱捕器（糖醋酒液配比为白糖：乙酸：乙醇：水＝3：1：3：80），雨季和高温天气注意补充。

4.生物防治：在有条件的果园可人工释放松毛虫赤眼蜂。根据食诱、性诱监测成虫发生期数量消长情况：自诱捕器中出现越冬成虫之日起，第五天开始释放赤眼蜂防治，一般每隔7d放蜂1次，连续放4～5次，每667m²放蜂约10万头，卵块寄生率可达85%，基本能控制虫害。

苹小卷叶蛾幼虫

苹小卷叶蛾成虫

杀虫灯诱杀苹小卷叶蛾

桃潜叶蛾

- **学名**：*Lyonetia clerkella* Linnaeus
- **分类**：鳞翅目，潜叶蛾科。
- **分布**：华东、华北、西北等地区均有分布。
- **识别特征**：成虫：体长4mm，翅展8mm，虫体银白色。前翅狭长，先端尖，附生3条黄白色斜纹，翅先端有黑色斑纹。前、后翅都具有灰色长缘毛。卵：圆形，乳白色。幼虫：体长6mm，淡褐色，体稍扁，有黑褐色胸足3对。茧：体长3mm，扁枣核形，白色，茧两侧有长丝粘于叶上。
- **习性**：一年发生7代，以蛹在受害叶片上结白色丝质薄茧越冬。第二年桃树展叶后成虫羽化，产卵于叶表皮内。老熟幼虫在叶内吐丝结白色薄茧化蛹。5月上旬发生第一代成虫，以后每月发生1次，第一、二代发生整齐，后期有明显世代重叠现象，最后1代发生在11月上旬。成虫昼伏夜出，卵散产在叶表皮内，孵化后以幼虫潜食危害桃叶，取食叶栅栏组织，在叶片上形成线形弯曲状虫道，常有粪便充塞其中。发生严重时单叶有虫斑10余条，导致叶功能丧失并提前脱落，影响果实生长和翌年花芽形成。

● **绿色防控措施：**

1.**农业防治**：做好冬季清园，树干涂白，刮除老皮、翘皮，扫除落叶、杂草，并于园外集中销毁，消灭越冬成虫和蛹。

2.**性诱防治**：可于4月上旬在桃园里放置桃潜叶蛾性信息素诱捕器，每667m^{2}至少放置3～5个，每月更换1次诱芯，可大量诱杀成虫，降低成虫的自然交配率，从而减少次代幼虫的虫口密度。

性诱防治桃潜叶蛾成虫

桃潜叶蛾危害叶片状

桃 蛀 螟

● **学名：** *Dichocrocis punctiferalis* Guenée

● **分类：** 鳞翅目，螟蛾科。

● **分布：** 上海地区及全国均有分布，以长江以南危害桃果最为严重。

● **识别特征：** 成虫：体长9～14mm，翅展20～25mm，体黄色至橙黄色；前、后翅及胸、腹背面散生小黑斑，似豹纹状。雄第九节末端黑色，雌不明显。卵：椭圆形，长0.6mm，宽0.4mm，表面粗糙，布细微圆点，初乳白色后红褐色。幼虫：体长22～26mm，体色多变，有淡褐色、浅灰色、浅灰蓝色、暗红色等，腹面多为淡绿色；头暗褐，前胸盾片褐色；臀板灰褐色；各体节毛片明显，灰褐色至黑褐色，背面的毛片较大，第一至八腹节气门以上各具6个，成2横列，前4后2；气门椭圆形，围气门片黑褐色突起；腹足趾钩具不规则的3序环。蛹：长约13mm，长椭圆形，黄褐色。

● **习性：** 上海地区一年发生4代，该虫寄主范围较广，幼虫可蛀食桃、山楂、核桃、板栗、梨、苹果、大枣、玉米等作物，以老熟幼虫在果树缝隙中，向日葵籽盘及玉米、高粱等作物的果穗或残株上越冬。翌年越冬幼虫于4月初化蛹，4月下旬进入化蛹盛期，4月底至5月下旬羽化，越冬代成虫把卵产在桃树上。第一代幼虫主要危害桃、李果实，第二代开始部分转向玉米、葵花等作物。桃蛀螟以幼虫蛀食果肉和幼嫩核仁进行危害。果实受害后，蛀孔外堆集黄褐色透明胶质及红褐色虫粪，果内也有虫粪，两个紧靠的果实最易被蛀。受害幼果不能发育，常变色、脱落或胀裂。

● **绿色防控措施：**

1.**农业防治**：冬季集中清除销毁玉米、向日葵等作物残株，消灭越冬幼虫；发现被蛀果实及时清除，清理落叶落果；也可在果实采收前将树干捆绑一圈稻草、果袋，可诱集部分幼虫、蛹和成虫，然后集中处理，彻底销毁；利用桃蛀螟成虫对向日葵花盘嗜食性强、喜在其上产卵的特性，分期分批种植向日葵，招引成虫产卵，待幼虫老熟前，集中处理，可有效降低虫果率。

2.**性诱防治**：可于4月上旬在桃园放置桃蛀螟性信息素诱捕器，每667m²放置3～5个，每月更换1次诱芯，可大量诱杀成虫，降低成虫的自然交配率，从而减少次代幼虫的虫口密度。

3.**果实套袋**：幼果期及时套袋，阻止桃蛀螟产卵和幼虫发生危害。

桃蛀螟幼虫蛀果危害

桃蛀螟成虫

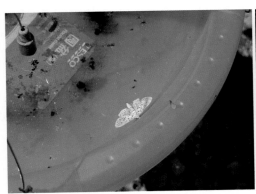

性诱防治桃蛀螟

果实套袋

褐边绿刺蛾

- **学名**：*Latoia consocia* Walker
- **分类**：鳞翅目，刺蛾科。
- **分布**：上海及全国各地区均有分布。
- **识别特征**：成虫：体长15～16mm，翅展30mm；头、胸部绿色，胸背中央有1条棕色纵线；前翅大部分为绿色，基部为褐色，近外缘黄色；后翅与腹部淡黄色。卵：扁平，椭圆形，黄绿色。幼虫：体长22～25mm，近长方形，圆筒状；体绿色，头部黄褐色，缩于前胸，体上有毛瘤；腹部末端有4个较大的黑色毛瘤；背线绿色，两侧有深蓝色点线，腹面淡黄绿色。蛹：体长13～15mm，椭圆形，黄褐色。茧：坚硬，长约15mm，圆筒形，棕栗色，壳面缠绕少量白丝。
- **习性**：在上海地区一年发生2～3代，以老熟幼虫在树干、枝叶间或表土层的土缝中结茧越冬，翌年4—5月化蛹和羽化为成虫。成虫夜间活动，有趋光性；白天隐伏在枝叶间、草丛中或其他荫蔽物下，寿命3～8d。卵多产于叶背面，数十粒呈鱼鳞状排列。幼虫孵化后，三龄前有群集性，并只咬食叶肉，残留膜状的表皮，呈半透明状枯斑；四龄以后幼虫逐渐分散危害，从叶片边缘咬食成缺刻甚至吃光全叶；老熟幼虫迁移到树干基部、树枝分枝处和地面的杂草间或土缝中作茧化蛹。6月至7月下旬为第一代幼虫活动期，成虫7月下旬至8月初羽化，7月底至8月初开始出现第二代幼虫，9月以后老熟幼虫陆续结茧越冬。
- **绿色防控措施**：

1.农业防治：春季挖出虫茧，集中销毁；利用低龄幼虫群集危害的特性，重点检查受害处呈白色或半透明状的叶片，摘除带虫叶片，防止其扩散危害，摘叶时要特别注意带好防护工具。

2.物理防治：利用成虫趋光性，成虫羽化盛期使用频振式杀虫灯诱杀。

3.生物防治：保护和利用天敌，褐边绿刺蛾常见天敌有刺蛾广肩小蜂、刺蛾紫姬蜂、上海青蜂、绒茧蜂、赤眼蜂等。

褐边绿刺蛾成虫

褐边绿刺蛾茧

桃 天 蛾

● **学名**：*Marumba gaschkewitschii* Bremer et Grey

● **分类**：鳞翅目，天蛾科。

● **分布**：上海、北京、辽宁、内蒙古、山西、河北、山东、江苏、浙江、江西、福建、四川等地均有分布。

● **识别特征**：成虫：体长36mm，翅展85mm，体肥大，深褐色，头细小，触角栉齿状，米黄色，复眼紫黑色；前翅狭长，灰褐色，有暗色波状纹7条，外缘有1条深褐色宽带，后缘角有1个黑斑，由断续的4小块组成，前翅下面具紫红色长鳞毛；后翅近三角形，上有红色长毛，后缘角有1个灰黑色大斑，后翅下面灰褐色，有3条深褐色条纹；腹部灰褐色，腹背中央有1条淡黑色纵线。卵：椭圆形，绿色，似大谷粒，孵化前转为绿白色。幼虫：老熟幼虫体长80mm，黄绿色，体光滑，头部呈三角形，体上附生黄白色颗粒，第四节后每节气门上方有黄色斜条纹，有1个尾角。蛹：长45mm，纺锤形，黑褐色，尾端有短刺。

● **习性**：在上海地区一年发生2代，以蛹在土中越冬，越冬代成虫于5月中旬出现，白天静伏不动，傍晚和夜间活动，有趋光性。雌蛾活动较少，常停息于枝干部，卵产于树枝阴暗处或树干裂缝内，或叶片上，散产。每雌蛾产卵量为500粒左右。卵期约7d。第一代幼虫在5月下旬至6月发生危害。6月下旬幼虫老熟后，入地作穴化蛹，7月上旬出现第一代成虫，7月下旬至8月上旬第二代幼虫开始危害，9月上旬幼虫老熟，入地4～7cm作穴（土茧）化蛹越冬。其幼虫蚕食叶片，发生严重时可将叶片吃光，影响桃树产量和品质。

● **绿色防控措施**：

1.农业防治：冬翻灭蛹，冬季在树木周围翻地，杀死越冬蛹；人工捕杀幼虫，幼虫发生期，将幼虫振落，人工捕杀。

　　2.物理防治：成虫具有趋光性，可设置频振式杀虫灯进行诱杀。

桃天蛾成虫

桃红颈天牛

- **学名：** *Aromia bungii* Fald
- **分类：** 鞘翅目，天牛科。
- **分布：** 原产东亚地区，我国除新疆和西藏外其他省份广泛分布。
- **识别特征：** 成虫：体长约35mm，体黑色，有光亮；前胸背板红色，背面有4个光滑疣突，具角状侧枝刺；鞘翅翅面光滑，基部比前胸宽，端部渐狭；雄虫触角约为体长的1.5倍，雌虫触角比身体稍长。卵：椭圆形，乳白色，长约6～7mm。幼虫：体长约50mm，乳白色，前胸较宽广，中间色淡。蛹：体长约35mm，初为乳白色，后渐变为黄褐色。前胸两侧各有1个刺突。

● **习性：** 一般两年发生1代，以低龄幼虫在树干蛀道内越冬。成虫于5—8月间出现；各地成虫出现期自南至北依次推迟。成虫羽化后在树干蛀道中停留3~5d后外出活动。雌成虫遇惊扰即行飞逃，雄成虫则多走避或自树上坠下，落入草中。成虫外出活动2~3d后开始交尾产卵。常见成虫于午间在枝条上栖息或交尾。卵产在枝干树皮缝隙中。幼壮树仅主干上有裂缝，老树主干和主枝基部都有裂缝可以产卵。一般近土面35cm以内树干产卵最多，产卵期5~7d。产卵后不久成虫便死去。

卵经过7~8d孵化为幼虫，幼虫孵出后向下蛀食韧皮部，当年生长至6~10mm，就在此皮层中越冬。翌年春天幼虫恢复活动，继续向下由皮层逐渐蛀食至木质部表层，先形成短浅的椭圆形蛀道，中部凹陷；至夏天体长30mm左右时，由蛀道中部蛀入木质部深处，蛀道不规则，入冬成长的幼虫即在此蛀道中越冬。第三年春继续蛀害，4—6月幼虫老熟时用分泌物黏结木屑在蛀道内作室化蛹。幼虫期历时约1年11个月。蛹室在蛀道的末端，成长幼虫越冬前就做好了通向外界的羽化孔，未羽化外出前，孔外树皮仍保持完好。幼虫由上而下蛀食，在树干中蛀成弯曲无规则的孔道。蛀道可到达主干地面下6.6~9.9cm。幼虫一生钻蛀隧道全长50~60cm。在树干的蛀孔外及地面上常大量堆积排出的红褐色粪屑。受害严重的树干中空，树势衰弱，以致枯死。

● **绿色防控措施：**

1.**农业防治：** 及时挖除受害严重、已死亡植株及大枝，并集中销毁，避免其中幼虫继续危害。

2.**人工捕杀成虫：** 6月下旬至7月中旬，成虫高发期，人工捕杀静息在枝条上的成虫。

3.**钩杀幼虫：** 发现树体下虫粪，用工具刮开树皮将幼虫杀死，也可用铁丝或专用铁钩从新的排粪孔中向内钩刺幼虫。

4.树干涂白：冬季混合使用石灰、硫磺、食盐，对树干进行涂白，可驱避天牛产卵。

桃红颈天牛成虫

桃红颈天牛幼虫

蛀孔处的虫粪

受害桃树

老熟幼虫蛀干危害

铜绿金龟子

- **学名**：*Anomala corpulenta* Motschlsky
- **分类**：昆虫纲，鞘翅目，金龟总科。
- **分布**：主要分布在黑龙江、吉林、辽宁、内蒙古、河北、山西、山东、宁夏、陕西、新疆、河南、湖北、安徽、江苏、江西、浙江、福建、湖南、广西、贵州、四川等地。在上海地区危害桃树的金龟子以铜绿金龟子为主，除铜绿金龟子外还有大黑鳃金龟、白星花金龟和大绿丽金龟。
- **识别特征**：成虫：体长19～21mm，宽9～10mm；体背铜绿色，有光泽；前胸背板两侧为黄绿色，鞘翅铜绿色，有3条隆起的纵纹。卵：长约40mm，椭圆形，初时乳白色，后为淡黄色。幼虫：长约40mm，头黄褐色，体乳白色，体弯曲呈C形。蛹：裸蛹，椭圆形，淡褐色。
- **习性**：一年发生1代，以三龄幼虫在土壤内越冬，第二年春季土壤解冻后，越冬幼虫开始上升移动，5月中旬前后继续危害一段时间后，取食农作物和杂草根部，然后，幼虫作土室化蛹，6月初成虫开始出土，危害严重的时间集中在6月至7月上旬，7月以后，虫量逐渐减少，危害期为40d。成虫多在18～19时飞出交配产卵，20时以后开始危害，直至凌晨3～4时飞离果园重新到土中潜伏。成虫喜欢栖息在疏松、潮湿的土壤中，潜入深度一般为7cm左右。成虫有较强的趋光性，以20～22时灯诱数量最多。成虫也有较强的假死性。成虫于6月中旬产卵于果树下的土壤内或大豆、花生、甘薯、苜蓿地里，每次产卵20～30粒，7月间出现新一代幼虫，取食寄主植物的根部，10月上中旬幼虫在土中开始下迁越冬。

● **绿色防控措施：**

1.**农业防治**：秋末冬初结合施基肥对果园进行深翻，以消灭大量幼虫（蛴螬）；果园施农家肥时要充分腐熟，以有效减少蛴螬虫源；在果园内或果园周围尽量不要种植豆类、花生、马铃薯、甘薯等作物，并经常清除果园周围杂草，破坏成虫产卵的生活环境。

2.**人工捕杀**：金龟子有假死性，利用早晚气温低，成虫不爱活动的习性，在树下铺一张塑料布，敲击果树枝干振落后迅速收集并扑杀；中耕发现土中幼虫及时进行捕杀。

3.**物理防治**：根据金龟子趋光性，可用杀虫灯在天气闷热的夜晚进行诱杀。

4.**食诱防治**：利用金龟子对糖醋或果醋的趋化性，可在果园内放置糖醋或果醋液诱杀成虫。

铜绿金龟子成虫

大黑鳃金龟成虫

白星花金龟成虫

大绿丽金龟成虫

蛞 蝓

- **学名：** *Agriolimax agrestis* Linnaeus
- **分类：** 腹足纲，柄眼目，蛞蝓科。
- **分布：** 广泛分布于全国各地。
- **识别特征：** 成体：像没有壳的蜗牛，成体伸直时体长30～60mm，体宽4～6mm；内壳长4mm，宽2.3mm。长梭型，柔软、光滑而无外壳，体表暗黑色、暗灰色、黄白色或灰红色。触角2对，暗黑色；下边一对短，约1mm，称前触角，有感觉作用；上边一对长约4mm，称后触角，端部具眼。口腔内有角质齿舌。体背前端具外套膜，为体长的1/3，边缘卷起，其内有退化的贝壳（即盾板），上有明显的同心圆线，即生长线。同心圆线中心在外套膜后端偏右。呼吸孔在体右侧前方，其上有细小的色线环绕。黏液无色。在右触角后方约2mm处为生殖孔。卵：椭圆形，韧而富有弹性，直径2～2.5mm；白色透明，可见卵核，近孵化时色变深。幼体：初孵体长2～2.5mm，淡褐色，体形同成体。
- **习性：** 以成体或幼体在作物根部湿土下越冬。5—7月在田间大量活动危害，入夏气温高，活动减弱，秋季气候凉爽后，又活动危害。完成一个世代约250d，5—7月产卵，卵期16～17d，从孵化至性成熟约55d。成虫产卵期可长达160d。野蛞蝓雌雄同体，异体受精，亦可同体受精繁殖。卵产于湿度大且隐蔽的土缝中，每隔1～2d产一次，每次约产1～32粒，每处产卵10粒左右，平均产卵量为400余粒。野蛞蝓怕光，强光下2～3h即死亡，因此均夜间活动，从傍晚开始出动，21～22时达高峰，清晨之前又陆续潜入土中或隐蔽处。耐饥力强，在食物缺乏或不良条件下能不吃不动。幼虫和成虫刮食叶片、枝条和果实进行危害，造成缺刻、虫痕、果实腐烂。阴暗潮湿的环境易大发生，气温11.5～18.5℃，土壤含水量为20％～30％时，对其生长发育最为有利。

● **绿色防控措施：**

1.农业防治：做好田间卫生，清除杂草、枯枝落叶，并在树体四周地面覆盖一层生石灰；采用高畦栽培、地膜覆盖、破膜提苗等方法，以减少危害。施用充分腐熟的有机肥，创造不适于蛞蝓发生和生存的条件。

2.物理防治：把麸皮、菜叶制成毒饵，撒在树体四周以隔离危害。

蛞蝓危害桃果、枝干

下　篇

桃树全程绿色防控技术
集成应用

  综合集成农业、物理、生物、化学防治等主要防控手段，以"农业防治+理化诱控技术+生物防治技术+生态控制技术+科学用药"技术路线，实施全程绿色防控技术集成应用，达到有效控制农作物病虫害，确保农作物生产安全、农产品质量安全和农业生态环境安全，促进农业增产、增收的目的。

农业防治技术

1.主导品种：

（1）大团蜜露。3月底至4月初开花，无花粉，果个大，果形端正，果实7月中下旬成熟。

大团蜜露

（2）湖景蜜露。3月底至4月初开花，有花粉，是良好的授粉品种。长、中、短各类果枝都能结果，果实7月中下旬成熟。对桃细菌性穿孔病及桃流胶病抗病性相对较差，多雨季节应注意及时防治。

湖景蜜露

（3）新凤蜜露。3月底至4月初开花，有花粉，自花结实率高。丰产性好，大小年结果现象不明显，果实7月中下旬成熟。

新凤蜜露

（4）锦绣黄桃。3月底至4月初开花，有花粉，果个大，自花授粉，自然坐果率高，8月中旬果实成熟，成熟期较晚，果期病虫害发生较重，注意对桃褐腐病、桃炭疽病、梨小食心虫、桃蛀螟等病虫害的防治。

锦绣黄桃

（5）玉露蟠桃。花期3月下旬，复花芽多，坐果率高，丰产性好，果实7月底至8月上旬成熟。果形有利于梨小食心虫、桃蛀螟等钻蛀危害，幼果期及时套袋，果期注意防治病虫害。

玉露蟠桃

2.冬春管理：1月底前完成修剪，注重调节树体平衡关系，按树型调节好主侧枝角度，搭好优质稳产树架；树冠覆盖率以70%为宜，不超过75%；结合冬季修剪，剪除往年病枝、虫枝，及时扫除落叶、落果和树枝；刮除主干分枝以下粗皮、翘皮，消灭越冬红蜘蛛、卷叶蛾等越冬虫源。2月中旬喷施5～7波美度石硫合剂杀灭梨小食心虫、红蜘蛛、桃细菌性穿孔病、桃褐腐病等越冬潜伏病虫害。采收后至土壤封冻前，结合施肥进行全园深翻，深翻深度应把握"近主干处浅，远树干处深"的原则，深度一般在5～25cm，结合灌水，改良土壤环境，破坏土壤中病虫越冬场所。

冬季深翻

3.树干涂白：秋冬季，刮除粗皮、翘皮后，配制涂白剂对树干和主枝涂白，涂白位置主要为主干60～80cm，三大主枝10～15cm，可消灭树干翘皮缝隙中的越冬病虫，同时预防日灼病和冻害，驱避天牛产卵。涂白剂按生石灰10份、硫磺1份、水40份的比例配制。

树干涂白

4.铺设地膜：桃园铺设地膜有利于防止害虫出土上树危害，降低虫口基数，抑制杂草生长，减少桃园人工除草量，高温季节能够起到降低地表温度、促进根系生长的作用。桃园铺设地膜的时间一般为3月初，9月上旬揭膜。

铺设地膜

5.树形和修剪：应用自然开心形、Y形等高光效的树型，以平面结果修剪技术替代传统立体整形修剪技术，改善树体受光，减轻病虫发生。根据树型行株距可选择（4~6）m×（3~5）m，确保行间留有1m左右的操作道（通风道）。

高光效Y形新树型

6.**生长季修剪**：剪除蚜虫、梨小食心虫、缩叶病、枝枯病等病虫危害的枝条，防止再次侵染；疏除过密枝、无叶花枝，以改善果园通风透光条件，降低果园整体湿度；回缩过长结果枝，减少坐果量，增强树体生长势，提高树体抗病虫性。

剪除缩叶病病叶　　　　　　　　剪除蚜虫危害新梢

修剪前　　　　　　　　　　　修剪后

夏季修剪改善光照

7.**合理施肥**：桃树施肥量应根据树势、树体大小、产量进行综合考虑。对于未结果树可采取薄肥勤施的原则，适当增加氮肥的施入，有利于扩大树冠，增加结果部位；对成年结果树主要有膨大肥、采后肥、基肥，膨大肥一般每株桃树施入复合肥0.75～1.25kg，采后肥一般每株桃树0.5～1kg，基肥一般每株桃树施入商品有机肥40kg。成年结果树在膨大肥施肥期，每株桃树可加施0.25kg硫酸钾，有利于桃果含糖量的提高。增施豆粕、花生饼等有机饼肥，可提高树体抗病虫性。

冬季施肥

增施有机肥

8.科学排灌：桃树生长过程中应根据土壤墒情变化，及时进行排水与灌水。果实成熟前15d内一般不灌水，以提高果实含糖量；如遇到干旱天气，应进行薄水勤灌，满足果实成熟前的快速膨大对水分的需求，提倡滴灌和喷灌，忌大水漫灌。梅

滴管和微喷

雨季节为桃细菌性穿孔病发病高峰期，应避免果园积水；台风、暴雨天气过后，注意开沟排水，并清理折断树枝、落叶和落果，带出园外。

栽种前做高垄利排水

  9.清理田园：成熟前及时疏除树体上的病虫果、叶，以减少侵染源；采收结束后对残留在树体上的废袋、病僵果、枯死的枝条、被梨小食心虫等危害的残梢及时进行清理，并刮除病斑，以减少越冬基数。6月中下旬在桃红颈天牛成虫发生期开展人工捕杀；幼虫危害阶段根据枝上及地面蛀屑和虫粪，找出受害部位后，用铁丝将幼虫刺杀。

清除虫梢

摘除病虫果

10.疏果套袋：根据树势、树冠大小确定留果量，疏去小果、畸形果、背上果、病虫果和伤果。确保留果间距及整体留果量。5月下旬至6月上中旬疏果后，蛀果害虫入果前，选用专用套袋，在套袋前进行一次药剂防治，果面药干后进行套袋。专用套袋入口处铁丝应扎在结果枝上，避免扎在果柄处造成果实压伤或落果。

合理负载

果实套袋

生态调控技术

筛选种植吸引天敌的栖境植物、蜜源植物、储蓄植物，吸引小花蝽、瓢虫、草蛉、食蚜蝇、蜜蜂等天敌昆虫和授粉昆虫在桃园内定殖并建立种群，通过多样化种植，建立植物支持系统，增加天敌种类和数量，实现果园害虫有效控制。

1.蜜源植物　可为天敌，特别是寄生性天敌提供花粉、花蜜或花外蜜源的植物种类，主要是指花粉、花蜜等自然蜜源丰富且能被天敌获取的显花植物。可选1～2种长花期植物搭配，丰富植物多样性，进一步提高天敌群落多样性及丰富度。如波斯菊、矢车菊是低秆植物，其花期时对小花蝽、草蛉、瓢虫、蜘蛛有较好的诱集作用，且花期较长；野菊、一串红等9—10月晚花期植物，花期时对天敌成虫诱集效果较好。

2.栖境植物　栖境植物是昆虫生长繁育的必需场所，是目标作物之外的其他作物及非作物植物的统称，是生境调控的重要内容。行间生草栽培，以白三叶、苜蓿等匍匐低矮型、枝叶繁茂的植物为主，播种量每667m^{2}为2.5～4kg，可减少果园水分蒸发，降低地表温度，改良土壤理化性质，增加有机质，可为小花蝽、草蛉、瓢虫、蜘蛛等多种天敌提供适宜的小气候、庇护所、产卵场所。如紫花苜蓿为多年生草本，花期为5—7月，可为天敌提供充足的替代寄主，有益于天敌种类及数量增加。注意每次草高达20～30cm时刈割1次，留草高度以10cm左右为宜，方便农事操作。铲除深根、高秆恶性杂草。

全园苜蓿栽培

树下铺地布行间种草

多样性栽培

3.储蓄植物 也称载体植物、银行植物。储蓄植物系统是一个天敌饲养和释放系统，是有意在作物系统中添加或建立的作物害虫防治系统。如向日葵、玉米等高秆植物（>100cm）上的害虫分别以粉虱、蚜虫为主，可增加天敌昆虫替代猎物丰富度，且生长周期较长，对小花蝽、瓢虫、草蛉等天敌昆虫种群数量有较好的增益效果。

瓢虫成虫

瓢虫幼虫

草蛉

蜘蛛

理化诱控技术

1.色板诱虫　利用蚜虫对黄色的趋性，在春季蚜虫田间初见期悬挂可降解黄板，挂于树冠外围朝南中间部位，每1～2株树挂1张。田间蚜虫发生量较大时应及时更换，注意将更换的黄板及时清理出园外，集中处理。

黄板诱杀蚜虫

2.杀虫灯诱杀　使用频振式杀虫灯诱杀鳞翅目、鞘翅目等害虫。杀虫灯应安装在桃园地域开阔、透光性好、无遮挡物、避开照明光源直射干扰的地带，单灯控制面积约1.33～2hm^2，各灯间隔300m左右。

4月底至10月底，每日傍晚开灯、清晨关灯。每周定期清理电网、灯管上的虫体、杂物，保持清洁，以提高诱杀效果，同时清理收集袋中的虫体，6—8月诱杀高峰期每周清理2次。冬季注意对杀虫灯进行保养维护，入库妥善保管。

太阳能频振式杀虫灯

清理虫体

3.**性诱防治** 5月初设置性信息素诱捕器诱杀桃潜叶蛾、桃蛀螟、梨小食心虫、苹小卷叶蛾、绿盲蝽等害虫成虫，可选用三角型黏胶诱捕器、新飞蛾型诱捕器、翅膀型黏胶诱捕器、水盆诱捕器以及蛾类通用诱捕器，每667m^{2}设置2～3个，悬挂在树冠的中部，安装高度距离地面1.5m左右。

新飞蛾型诱捕器

翅膀型黏胶诱捕器

水盆诱捕器

三角型黏胶诱捕器

蛾类通用诱捕器

目前，果树生产常见诱芯有树脂橡胶诱芯、PVC毛细管诱芯和毛细管固体凝胶诱芯等，可根据各桃园主要发生的鳞翅目害虫种类选择合适的诱芯和诱捕器诱杀雄虫（表1）。诱芯应低温保存，设置后每月更换一次，清除诱捕器内虫体，更换黏虫板，水盆诱捕器注意及时加水；安装不同害虫诱芯后需洗手或戴手套操作，避免相互污染。性诱防治至10月中旬连续3d未诱到雄虫时结束。

表1　桃园主要害虫可选诱芯与诱捕器

害虫种类	诱芯类型	诱捕器类型
梨小食心虫	树脂橡胶诱芯、毛细管固体凝胶诱芯	翅膀型黏胶诱捕器、三角型黏胶诱捕器、水盆诱捕器
桃蛀螟	树脂橡胶诱芯、PVC毛细管诱芯	新飞蛾型诱捕器
苹小卷叶蛾	树脂橡胶诱芯	翅膀型黏胶诱捕器、三角型黏胶诱捕器、水盆诱捕器
桃潜叶蛾	树脂橡胶诱芯	翅膀型黏胶诱捕器、三角型黏胶诱捕器
绿盲蝽	树脂橡胶诱芯	蛾类通用诱捕器

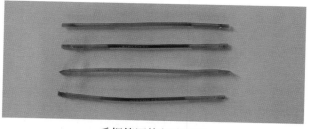

毛细管固体凝胶诱芯

PVC毛细管诱芯

树脂橡胶诱芯

4.雄虫迷向 3月末至4月初梨小食心虫越冬代成虫羽化出土前，在桃树树冠的上1/3处树枝上拧挂240mg/条梨小食心虫性迷向缓释剂，可持续对各代雄成虫产生迷向作用，降低成虫交配概率，压低前期虫量，进而减轻幼虫对桃梢、桃果的危害，持效期可达4个月以上，推荐使用密度为每667m^2 33条，最小使用面积2hm^2。

拧挂梨小食心虫迷向丝

5. 糖醋酒液诱杀 利用梨小食心虫、苹小卷叶蛾等蛾类害虫成虫对糖醋酒液的趋性，成虫发生期每667m² 放置4～6个糖醋酒液诱捕器，连续3d诱不到成虫为止，糖醋酒液配比为白糖∶乙酸∶乙醇∶水=3∶1∶3∶80，现用现配，以免影响诱杀效果。放置在塑料盆或专用诱捕器内，占容器体积的1/2为宜，悬挂在树冠外围中上部无遮挡处。雨季和高温天气，蒸腾量、流失量大，注意补充糖醋液和清理虫体，废弃糖醋液和虫体带出园外深埋处理。

糖醋酒液诱杀蛾类害虫

6. 诱虫带使用 9月起叶螨、介壳虫类小型害虫开始陆续越冬，可在树干上捆绑诱虫带诱集越冬害虫群集、产卵，捆绑时将诱虫带绕主干一周，固定在第一分枝下5～10cm处害虫沿树干向下寻找越冬场所的必经之路，定期检查，如遇变软、松动及时修补、更换，保障诱集效果。害虫完全休眠后到翌年出蛰前，取下集中销毁，杀灭越冬虫源，不可随意丢弃或重复使用。

捆绑诱虫带

生物防治技术

1.保护利用天敌 在桃园生态系统中，建立天敌栖息保护区，保护天敌昆虫生活的环境，有利于其生存和繁殖，以充分发挥它们对果园害虫的控制作用。提高农药利用率，减少用药次数，避免在天敌繁殖高峰期使用杀虫谱广、含量高的农药。

2.以螨治螨 利用捕食螨防治桃园二斑叶螨，二斑叶螨常见天敌有巴氏新小绥螨、巴氏钝绥螨、加州新小绥螨、智利小植绥螨等，其中巴氏钝绥螨、智利小植绥螨等已被开发成商品用于二斑叶螨绿色防控。

释放捕食螨前30d必须对可能发生病虫害的桃园进行全面清园（化学防治、修剪病虫枝），15d后选择高效、低毒的农药再进行一次清园。建议3月末4月初，设施栽培可提前至2月末，害螨（包含卵）田间数量在2头/叶以下时使用，控害期达60～120d。每株一袋（2500只），傍晚或阴天释放。在纸袋上方1/3处斜剪半寸*，钉挂在树冠内背阳光的主干上，袋底靠枝桠。

投放时应注意天气，避免投放后连续降雨造成捕食螨死

---

*寸为非法定计量单位，1寸≈3.33cm。

亡，使用前果园须割草（不得化学除草），同时减少化学杀螨剂使用，释放后桃园适当留草，为捕食螨提供越冬、越夏场所。配合生物农药、杀虫灯、黄板、性诱剂使用，效果更佳。贮存时注意不得挤、压、捏虫袋；不要与农药、化肥混放；使用前存放于低温或阴凉处，商品捕食螨不耐贮存，保质期为15d（20～25℃）、8d（25～30℃）。

释放捕食螨

人工除草

3.生物农药使用 目前，桃树生产上登记使用的生物农药以植物源农药和微生物农药为主，有小檗碱、苦参碱、多黏类芽孢杆菌、金龟子绿僵菌和苏云金杆菌等五大类。

（1）植物源农药。

①小檗碱盐酸盐。由中草药植物提取的生物碱杀菌剂，能迅速渗透到植物体内和病斑部位，通过干扰病原菌体代谢，抑制其生长和繁殖，达到杀菌作用。桃树登记使用产品为10%小檗碱盐酸盐可湿性粉剂，可稀释800～1 000倍喷雾防治桃树褐腐病。

使用注意：不得与酸性农药等物质混用，以免降低药效；建议与其他作用机制杀菌剂交替使用，以延缓抗性产生；水产养殖区、河塘等水体附近禁用，禁止在河塘等水域内清洗施药器具。

②苦参碱。属天然植物源农药。害虫一旦接触药剂，即麻痹神经中枢，继而使虫体蛋白凝固，堵死虫体气孔，使虫体窒息死亡。桃树登记使用产品为0.5%苦参碱水剂，可稀释1 000～2 000倍喷雾防治桃树蚜虫，在桃树蚜虫若蚜盛发初期使用。

使用注意：不可与碱性物质混用；对蜜蜂、鸟、鱼类及其他水生生物有毒，施药期间应避免对周围蜂群的影响，周围开花作物花期和鸟类保护区附近禁用；远离水产养殖区施药，禁止在河塘等水体中清洗施药器具。

（2）微生物农药。

①多黏类芽孢杆菌。属微生物杀菌剂，通过有效成分多黏类芽孢杆菌产生的抗菌物质和位点竞争、诱导抗病性的作用方式，杀灭和控制病原菌，从而达到防治病害的目的。桃树登记使用产品为50亿CFU/g多黏类芽孢杆菌可湿性粉剂，于萌芽期、初花期、果实膨大期稀释1 000～1 500倍，灌根加涂抹树干处

理，防治桃流胶病。

使用注意：微生物农药不宜与杀细菌的化学农药直接混用或同时使用，否则效果可能会有所下降；对家蚕有毒，蚕室和桑园附近禁用；远离水产养殖区施药，禁止在河塘等水体中清洗施药器具。

②金龟子绿僵菌。有效成分为绿僵菌分生孢子，是一种杀虫真菌，能直接通过害虫体壁侵入体内，使害虫取食量递减最终死亡。桃树登记使用产品为80亿孢子/mL金龟子绿僵菌CQMa421可分散油悬浮剂，稀释1 000～2 000倍喷雾防治蚜虫，卵孵化盛期或若虫盛发期使用。

使用注意：不可与碱性农药和杀菌剂等物质混合使用；禁止在河塘等水域中清洗施药器具；蚕室及桑园附近禁用。

③苏云金杆菌。属微生物杀虫剂，具有胃毒作用，无触杀和内吸作用。敏感昆虫取食后，制剂中的晶体蛋白在碱性中肠液和特殊蛋白酶的作用下，转化为具有毒素活性的分子，并与中肠细胞膜上特异受体结合，最终导致靶标害虫因拒食、麻痹、肠穿孔、饥饿和败血症而死亡。桃树登记产品有32 000IU/mg苏云金杆菌可湿性粉剂、16 000IU/mg苏云金杆菌可湿性粉剂等，于卵孵高峰期至低龄幼虫高峰期施药防治梨小食心虫。

使用注意：不能与有机磷杀虫剂或杀菌剂混合使用，建议与其他作用机制不同的杀虫剂轮换使用；对蜜蜂、家蚕有毒，施药期间应避免对周围蜂群产生影响，蜜源作物花期、蚕室和桑园附近禁用；禁止在河塘等水体中清洗施药器具。

科学用药技术

1. 加强测报，适时用药　施药前应及时掌握田间病虫发生动态，结合天气情况，根据农业部门病虫情报掌握准确防治适期，精准用药；杀虫剂施药时间应遵循治早治小的原则，杀菌剂施药时间应掌握在病害发生初期。

病虫测报调查

2.科学防治，安全用药

（1）合理选择药剂。尽量使用上海市重点推荐的高效、低毒农药品种，严格按照使用规程和推荐剂量施用；不得使用禁用农药和剧毒、高毒农药；同时，遵守《农药管理条例》，严格按照农药标签标注的使用范围、使用方法和剂量、使用技术要求和注意事项使用农药，不得扩大使用范围、加大用药剂量或改变使用方法（表2）。

表2　桃树登记低毒、微毒农药汇总（截至2020年12月）

类别	主要产品	防治对象	使用方法	毒性
杀虫剂	20%氟啶虫酰胺悬浮剂	桃树蚜虫	喷雾	微毒
	15%氟啶虫酰胺·联苯菊酯悬浮剂	桃树蚜虫	喷雾	低毒
	75%吡蚜·螺虫酯水分散粒剂	桃树蚜虫	喷雾	低毒
	35%噻虫·吡蚜酮水分散粒剂	桃树蚜虫	喷雾	低毒
	22%氟啶虫胺腈悬浮剂	桃树蚜虫	喷雾	低毒

（续）

类别	主要产品	防治对象	使用方法	毒性
杀虫剂	50%氟啶虫胺腈水分散粒剂	桃树蚜虫	喷雾	低毒
	10%吡虫啉可湿性粉剂	桃树蚜虫	喷雾	低毒
	80亿孢子/mL金龟子绿僵菌CQMa421可分散油悬浮剂	桃树蚜虫	喷雾	微毒
	0.5%苦参碱水剂	桃树蚜虫	喷雾	低毒
	32 000IU/mg苏云金杆菌可湿性粉剂	梨小食心虫	喷雾	微毒
	16 000IU/mg苏云金杆菌可湿性粉剂	梨小食心虫	喷雾	微毒
	8 000IU/μL苏云金杆菌悬浮剂	尺蠖、食心虫	喷雾	低毒
	100亿芽孢/mL苏云金杆菌悬浮剂	尺蠖、食心虫	喷雾	低毒
	30%阿维·灭幼脲悬浮剂	桃小食心虫	喷雾	低毒
	3%高效氯氰菊酯微囊悬浮剂	天牛	喷雾	低毒
杀菌剂	45%春雷·喹啉铜悬浮剂	桃细菌性穿孔病	喷雾	低毒
	40%噻唑锌悬浮剂	桃细菌性穿孔病	喷雾	低毒
	40%戊唑·噻唑锌悬浮剂	桃细菌性穿孔病	喷雾	低毒
	20%噻唑锌悬浮剂	桃细菌性穿孔病	喷雾	低毒
	20%噻菌铜悬浮剂	桃细菌性穿孔病	喷雾	低毒
	10%小檗碱盐酸盐可湿性粉剂	桃褐腐病	喷雾	低毒
	38%唑醚·啶酰菌水分散粒剂	桃褐腐病	喷雾	低毒
	24%腈苯唑悬浮剂	桃褐腐病	喷雾	低毒
	50亿CFU/g多黏类芽孢杆菌可湿性粉剂	桃树流胶病	灌根、涂抹病斑	低毒
	20%春雷霉素水分散粒剂	桃褐斑穿孔病	喷雾	低毒
	325g/L苯甲·嘧菌酯悬浮剂	桃褐斑穿孔病	喷雾	低毒
	60%唑醚·代森联水分散粒剂	桃褐斑穿孔病	喷雾	低毒
	80%硫磺水分散粒剂	桃褐斑病	喷雾	低毒

（2）科学施用。喷雾尽量均匀周到，尤其注意叶背面着药情况；合理复配、混用农药，氢氧化铜、石硫合剂等碱性农药避免与酸性农药混合使用，微生物农药尽量避免与化学杀菌剂混合使用；合理轮换使用农药，以延缓抗药性产生；严格遵守安全间隔期；桃树盛花期禁止用药，防止产生药害；鼓励桃农建立田间档案，记录用药情况。

做好农药使用记录

（3）安全防护。农药施用时间尽量安排在清晨或傍晚，避免在烈日下、大风、大雨天气用药；在开启农药包装、称量配制以及施用时，操作人员应戴必要的防护器具，避免农药经口、鼻、眼及皮肤进入体内；农药称量、配制应根据药品性质和用量进行，防止溅洒、散落；药剂随配随用；开封后余下的农药应封闭在原包装内，不得转移到其他包装中。

（4）生态保护。避免天敌迁移、繁殖高峰期使用菊酯类、有机磷类等对天敌杀伤力较大的杀虫剂；配制农药的场所应远离住宅区、牲畜养殖区和水源区；施过药的田块应树立明显警示牌，施药后一定时间内禁止人、畜进入；配药器械一般要求专用，每次使用后洗净，不得在河流、沟渠边冲洗；菊酯类等对蜜蜂、家蚕有毒的农药，施药期间应避免对周围蜂群产生影响，蜜源作物花期、蚕室和桑园附近禁用。

3.先进药械，高效用药 背负式喷雾器、担架式（框架式、车载式）及推车式（手推式）机动喷雾机等半机械化植物保护机械以价格低、操作简单、无使用条件限制等优势，目前仍在上海桃树种植区广泛应用，但存在劳动强度大、作业效率低、药液浪费大、农药利用率低、施药人员中毒概率高、雾滴飘失严重等问题。根据当前都市绿色现代农业的植物保护工作要求，逐步推进桃园标准化、机械化种植模式，对老桃园进行改造，农机农艺深度融合，适应机械化操作模式，使用高效植物保护机械，提高防治效率和农药利用率。

（1）风送式喷雾器。风力辅助喷雾技术是利用高速风机产生的强气流，将经过药泵和喷头雾化形成的细小雾滴吹送到

风送式喷雾器

桃树冠层，进而达到防虫治病的效果。该技术既能保证喷雾距离，又能增强雾滴穿透性和沉积均匀性，同时气流扰动叶片翻转提高了叶片背面药液附着率。该类型药械适用于行距4m以上，并在作业行留有专用掉头空间的桃园，才能充分发挥其作业优势。

（2）静电喷雾器。通过高压静电发生装置让静电喷头与靶标之间形成电场，使带电雾滴与冠层形成"静电环绕"效应并在静电力、气流曳力和重力作用下快速沉积到靶标，从而增加雾滴在作物表面的附着能力，降低药剂的飘移流失，减少农药用量和用水量。

背负式静电喷雾器

（3）无人机喷雾器。目前，以无人机为代表的航空施药技术已被广泛应用于防治农作物病虫害，该技术具有作业效率高、作业效果好、应急能力强等优点，应用前景广阔。植保无人机施药药箱容量一般在5～30L，喷洒幅宽在5～20m，开展桃园作业时飞行高度一般设置距离冠层顶端1.5～2.0m，距地面高度至少为3.5m。无人机喷雾器技术要求较高，操作人员必须通过专门培训、考核，取得无人机操作资质后持证上岗。

无人机喷雾器

图书在版编目（CIP）数据

上海地区桃病虫害绿色防控手册／胡育海，田如海主编 . —北京：中国农业出版社，2021.9
ISBN 978-7-109-28615-3

Ⅰ.①上… Ⅱ.①胡…②田… Ⅲ.①桃-病虫害防治-无污染技术-技术手册 Ⅳ.①S436.621-62

中国版本图书馆CIP数据核字（2021）第151360号

中国农业出版社出版

地址：北京市朝阳区麦子店街18号楼

邮编：100125

责任编辑：阎莎莎　　文字编辑：王庆敏

版式设计：杜　然　　责任校对：吴丽婷

印刷：中农印务有限公司

版次：2021年9月第1版

印次：2021年9月北京第1次印刷

发行：新华书店北京发行所

开本：880mm×1230mm　1/32

印张：3.5

字数：80千字

定价：30.00元
